高等学校教育教学改革精品教材

PLC 应用技术项目化教程

（西门子 S7-1200）

龚希宾　顾玉娥　主编
戴茂良　　　主审

西安电子科技大学出版社

内 容 简 介

在"智能制造"的时代背景下，大量传统产业进行了自动化智能改造，而作为新型设备的核心控制器 PLC 也在不断升级。目前，西门子 S7 系列 PLC 已经发展成为西门子自动化系统的控制核心，随着西门子公司 TIA(Totally Integrated Automation，全集成自动化)系统的提出，PLC 技术将融入全部自动化领域。

本书主要介绍西门子 S7-1200 系列 PLC 控制器的相关知识及应用。

本书由基于工作过程的 12 个典型项目组成：传送带点动控制、传送带连续运行控制、传送带正反转控制、工作台自动往返控制、风机的 Y -△启动控制、混料泵控制、彩灯控制、多路抢答系统控制、交通信号灯控制、多级运输带控制、液体混合搅拌系统控制、自动装箱系统控制。

本书深入浅出、图文并茂、内容翔实，可作为技工院校电工电子类专业以及高职高专院校智能制造及其相关专业的 PLC 应用技术课程的教材，也可作为相关行业或企业工程技术人员的自学用书。

图书在版编目(CIP)数据

PLC 应用技术项目化教程：西门子 S7-1200 / 龚希宾，顾玉娥主编. --西安：
西安电子科技大学出版社，2023.7(2024.1 重印)
ISBN 978 - 7 - 5606 - 6929 - 8

Ⅰ.①P… Ⅱ.①龚… ②顾… Ⅲ.①PLC 技术—高等职业教育—教材
Ⅳ.①TM571.61

中国国家版本馆 CIP 数据核字(2023)第 112164 号

策　划　高　樱
责任编辑　高　樱
出版发行　西安电子科技大学出版社(西安市太白南路 2 号)
电　　话　(029)88202421　88201467　　　邮　编　710071
网　　址　www.xduph.com　　　　　　　电子邮箱　xdupfxb001@163.com
经　　销　新华书店
印刷单位　陕西天意印务有限责任公司
版　　次　2023 年 7 月第 1 版　2024 年 1 月第 2 次印刷
开　　本　787 毫米×1092 毫米　1/16　印张　15
字　　数　353 千字
定　　价　39.00 元
ISBN 978 - 7 - 5606 - 6929 - 8 / TM

XDUP 7231001 - 2

＊＊＊如有印装问题可调换＊＊＊

前　言

　　PLC 应用技术是高职高专电气自动化技术、机电一体化技术、工业机器人技术等相关专业的核心课程，也是从事智能制造相关领域工作的工程师必须掌握的一项关键技术。

　　党的二十大报告指出：教育是国之大计、党之大计。培养什么人、怎样培养人、为谁培养人是教育的根本问题。本书结合智能制造行业职业岗位对人才需求的特点，以西门子 S7-1200 系列 PLC 为控制器，对接生产实践，遵循"工学结合，以项目为导向的教、学、做一体化"的原则，通过 12 个典型项目对 PLC 相关知识点与技能点进行重构，按照项目描述、知识链接、项目实施、知识延伸和拓展训练五个环节安排有关内容，重点突出实践性和职业性，以帮助读者快速提升 PLC 控制电路安装与调试技能。

　　本书主要具有以下特点：

　　（1）坚持立德树人、德技并修。

　　本书以思政为引领，将安全意识、规范意识、责任意识、创新精神和工匠精神等思政元素融入各项目中，注重职业素养培养、专业技能培养和正确价值观培养的有机结合。

　　（2）产教深度融合。

　　本书编写团队在制订编写方案前充分进行了企业调研，并且吸纳了企业技术人员共同参与项目的开发工作，力求满足企业岗位和职业教育课程体系的要求。本书中的项目来源于生产实际，便于教师以企业岗位的典型工作任务为载体开展教学，实现"教、学、做"一体化，有效激发学生的学习兴趣。

　　（3）"岗课赛证"融通。

　　本书以 PLC 控制系统设计技术员岗位的职业能力培养为导向，对接行业标准、岗位职业标准，设计了基于岗位典型工作任务的学习项目，融入了职业技能等级证书和全国职业技能竞赛的技能考核点和考核评价标准，实现了"岗课赛证"融通。

　　苏州信息职业技术学院龚希宾和顾玉娥担任本书主编，龚希宾负责全书的统稿工作。具体编写任务如下：龚希宾编写项目 1～9，顾玉娥和冯晶晶共同编写项目 10～12，曹应明和侯文芳负责部分拓展训练项目程序的验证，长三角一体化示范区（江苏）中连智能教育科技有限公司的毛宏成、徐鹏辉和徐苏鲁为本书部分项目的开发提供了帮助。本书的编写还得到了博众精工股份有限公司张敏三的技术指导，谨在此表示忠心感谢。戴茂良主审了本书，在此表示诚挚的谢意。

本书的出版得到了"苏州信息职业技术学院电气自动化技术品牌专业建设项目"的支持。

由于编者水平有限，书中难免有欠妥之处，敬请广大读者批评指正。

编　者

2023 年 3 月

目　录

1

项目1 传送带点动控制

知识目标

（1）了解继电器/接触器控制与 PLC 控制之间的区别；
（2）掌握 PLC 的基本结构、工作原理和分类；
（3）掌握 PLC 梯形图程序构成；
（4）掌握 S7-1200 系列 PLC 各 CPU 模块的特点及接线；
（5）了解 S7-1200 PLC 的扩展模块。

技能目标

（1）学会 S7-1200 系列 PLC 各模块的选型和拆装；
（2）能根据系统控制要求搭建简单的 PLC 控制电路。

1.1 项目描述

传统的继电器/接触器控制系统因为其控制功能单一、更改困难、设备体积庞大、排故困难、系统动作速度慢等一系列缺点，已经被 PLC 控制系统逐步取代。现已知某一生产线中的物料传送带由一台三相异步电动机驱动，如图 1-1 所示。现要求实现当按下启动按钮时，电机驱动传送带向前传送物料，当松开按钮后传送带停止向前，从而实现该传送带的点动控制。根据该控制要求，如果用继电器/接触器来实现，则电路图如图 1-2 所示。按下按钮 SB，电动机 M 启动运行，松开按钮 SB，电动机停止运转。本项目要求用 PLC 控制取代继电器/接触器控制，完成物料传送带的点动控制。那么 PLC 到底是一种什么装置呢？下面我们将开启 PLC 的学习之旅。

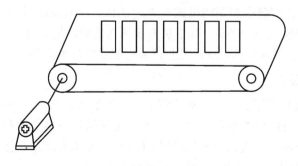

图 1-1 传送带示意图

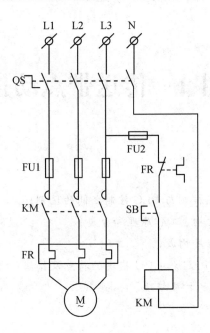

图 1-2　传送带点动控制硬件电路图

1.2　知　识　链　接

1.2.1　初识 PLC

1. PLC 的定义

PLC 是英文"Programmable Logic Controller"的简称,其对应的中文名称为"可编程序控制器"(简称可编程控制器)。PLC 是一种以微处理器为核心的工业控制装置,是在继电器/接触器控制技术和计算机技术的基础上开发出来的,并逐渐发展成为以微处理器为核心,将自动化技术、计算机技术和通信技术融为一体的新型工业控制装置。1987 年,国际电工委员会(IEC)对 PLC 作了如下定义:"可编程控制器是一种进行数字运算操作的电子系统,专为工业环境下的应用而设计。它采用可以编制程序的存储器,在其内部存储执行存储逻辑运算和顺序控制、定时、计数和算术运算等操作的指令,并通过数字式和模拟式的输入和输出接口,控制各种类型的机械或生产过程。可编程控制器及其有关外围设备都应按易于与工业系统连成一个整体、易于扩充设备功能的原则设计。"PLC 因具有强大的控制能力,且配置灵活,可靠性高,故在工业领域得到了广泛的应用。

2. PLC 的发展历史

1968 年,美国通用汽车公司提出取代继电器控制装置的要求。1969 年,美国数字设备公司研制出了第一台可编程控制器 PDP-14,并在美国通用汽车公司的生产线上试用成功,首次实现了将程序化的手段应用于电气控制,PDP-14 也成为世界上公认的第一台 PLC。我国从 1974 年开始研制,1977 年国产 PLC 正式投入工业应用。

在 20 世纪末期,随着电子技术的迅速发展,PLC 在设计、性价比和应用方面也有了很大的突破。PLC 不仅控制功能增强,电磁兼容性好,可靠性提高,功耗和体积减小,编程和故障检测更为灵活方便,而且随着远程 I/O 和通信网络、数据处理及人机界面单元的发展,更加适应现代工业控制。

3. PLC 的应用

随着微处理器技术的发展,PLC 的性价比不断提高,应用范围不断扩大,其应用主要分为以下几个方面。

1)开关量的逻辑控制

在工业控制中往往有大量的开关量需要处理,PLC 具有极强的控制开关量的能力。它用"与""或""非"等逻辑指令来实现触点和电路的串联、并联,取代了传统继电器的逻辑控制、定时控制与顺序逻辑控制。开关量逻辑控制可以用于单台设备,也可以用于自动化生产线,其应用已遍及各行各业。

2)模拟量的过程控制

在工业生产过程中,需要对温度、压力、流量、液位和速度等连续变化的模拟量进行处理,即实现模拟量(Analog)和数字量(Digital)之间的 A/D 转换和 D/A 转换。目前的 PLC 都带有配套的 A/D 和 D/A 转换模块。

而在工业控制中往往需要对温度、压力、流量等模拟量实现闭环控制。PID 调节是一般闭环控制系统中应用较多的调节方法。作为工业控制计算机,PLC 能编制各种各样的控制算法程序,实现对温度、压力、流量等模拟量的闭环控制。目前许多大、中、小型 PLC 都具有 PID 模块。

3)运动控制

全球各主要 PLC 厂家的绝大部分产品具有运动控制功能。PLC 使用专用的运动控制模块,驱动步进电机或伺服电机,对直线运动或圆周运动的位置、速度和加速度进行控制,可以实现单轴、双轴、三轴和多轴的位置控制,使运动控制与顺序控制功能有机地结合在一起。因此 PLC 的运动控制功能广泛应用于各种机械,如金属切削机床、金属成形机械、装配机械、机器人、电梯等。

4. PLC 的分类

PLC 有多种形式,而且功能也不尽相同。一般可按以下原则进行分类:

1)按 I/O 点数容量分类

PLC 输入、输出端子的数量称为 PLC 的 I/O 点数。按 PLC 的 I/O 点数的容量可将 PLC 分为大、中、小型机三类,如图 1-3 所示。例如,西门子公司生产的 PLC S7-200、S7-200 SMART 和 S7-1200 系列属于小型机;S7-300 系列属于中型机;S7-400、S7-1500 系列列属于大型机。

(1)小型机。小型 PLC 的 I/O 点数的容量在 256 点以下,一般以开关量控制为主,用户程序存储器容量在 4 KB。现在的高性能小型 PLC 还具有一定的通信能力和少量的模拟量处理能力。小型 PLC 的特点是价格低廉,体积小,适用于单机控制和小型系统的控制。

(2)中型机。中型 PLC 的 I/O 点数的容量在 256~2048 点之间,用户程序存储器容量在 8 KB 左右。中型 PLC 不仅具有开关量和模拟量的控制功能,还具有更强的数字计算能力,它的通信功能和模拟量处理功能更强大。中型机适用于复杂的逻辑控制系统以及生产

(a) 小型机　　　　　　　　　(b) 中型机　　　　　　　　　(c) 大型机

图 1-3　按 PLC I/O 点数容量分类

线的过程控制场合。

(3) 大型机。大型 PLC 的 I/O 点数的容量在 2048 点以上,用户程序存储器容量在 16 KB 以上。大型 PLC 的性能已经与工业控制计算机相当,它具有计算、控制和调节功能,还具有强大的网络结构和通信联网能力,有些大型 PLC 还具有冗余能力。大型 PLC 的监视系统采用 CRT 显示,能够显示过程的动态流程,记录各种曲线、PID 调节参数等;大型 PLC 配备多种智能板,构成一台多功能系统,这种系统还可以和其他型号的控制器互联,和上位机组成一个集中分散的生产过程和产品质量控制系统。大型 PLC 适用于设备自动化控制系统、过程自动化控制系统和过程监控系统。

2) 按结构形式分类

根据结构形式的不同,PLC 可分为整体式和模块式两类。

(1) 整体式结构。整体式结构的特点是将 PLC 的基本部件,如 CPU 板、输入板、输出板和电源板等紧凑地安装在一个标准的机壳内构成一个整体,组成 PLC 的一个基本单元(主机)或扩展单元。在基本单元上设有扩展端口,通过扩展电缆与扩展单元相连接,配有许多具有专用特殊功能的模块,如模拟量输入/输出模块、热电偶、热电阻模块和通信模块等,以构成 PLC 的不同配置。西门子 S7-1200 系列 PLC 属于整体式结构。

(2) 模块式结构。模块式结构的 PLC 是由一些模块单元构成的,将这些标准模块如 CUP 模块、输入模块、输出模块、电源模块和各种功能模块等插在框架上和基板上即可。各个模块的功能是独立的,但外形尺寸是统一的,可根据需要灵活配置。目前大、中型 PLC 都采用模块式结构。

3) 按产地分类

按产地不同,PLC 主要分为国产 PLC、欧美系 PLC 和日系 PLC 等。其中,国产 PLC 品牌主要有和利时、信捷、海为、台达、永宏等。这几年国产 PLC 品牌数量在不断增加,质量也在一步步提高,且得到了广大消费者的认可。欧美系 PLC 品牌最具代表性的有德国西门子、法国 TE、美国 A-B 和通用电气等;日系 PLC 品牌具有代表性的有三菱、欧姆龙和松下等。

1.2.2　PLC 的基本结构和工作原理

1. PLC 的基本结构

PLC 的硬件系统主要由中央处理单元(CPU 模块)、存储器单元、输入/输出单元、I/O

扩展接口、通信接口和电源等几个部分组成,如图 1-4 所示。

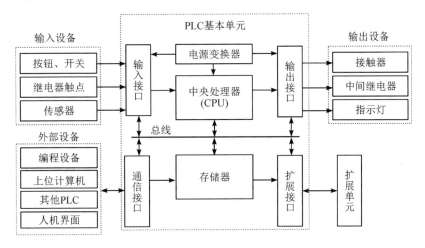

图 1-4　PLC 的硬件系统组成

1) 中央处理单元(CPU 模块)

CPU 是 PLC 的核心,它不断采集输入信号,执行用户程序,刷新系统输出。CPU 通过地址总线、数据总线、控制总线与存储单元、输入/输出接口、通信接口、扩展接口相连。

2) 存储器单元

PLC 的存储器包括系统存储器和用户存储器两种:系统存储器用于存放 PLC 的系统程序;用户存储器用于存放 PLC 的用户程序。现在的 PLC 一般均采用可电擦除的 EEPROM 存储器作为系统存储器和用户存储器。

3) 输入/输出接口电路

输入/输出接口电路是 PLC 与工业生产现场各类信息之间的连接部件。PLC 通过输入接口可以检测控制对象的各种数据,并以这些数据作为对控制对象进行控制的依据。同时,PLC 又通过输出接口将这些处理结果传送给控制对象,以实现控制的目的。

PLC 提供了多种操作电平和具有驱动能力的 I/O 接口,供用户选用。I/O 接口的主要类型有数字量(开关量)输入、数字量(开关量)输出、模拟量输入和模拟量输出等。为了防止触点抖动或干扰脉冲输入,I/O 接口一般都具有光电隔离和滤波功能,以提高 PLC 的抗干扰能力。

2. PLC 的工作原理

PLC 是采用周期循环扫描的方式进行工作的,即在 PLC 运行时,CPU 根据用户要求编制好存储于用户存储器中的程序,按指令步序号(或地址号)进行周期性循环。如无跳转指令,PLC 将从第一条指令开始逐条按顺序执行用户程序,直至程序结束。然后重新返回至第一条指令,开始下一轮新的扫描。

PLC 的一个扫描周期必经输入采样、程序执行和输出刷新三个阶段,如图 1-5 所示。

输入采样阶段:PLC 以扫描方式按顺序将所有暂存在输入锁存器中的输入端子的通断状态或输入数据读入,并将其写入各对应的输入状态寄存器中(即刷新输入)。之后关闭输入端口,进入程序执行阶段。

程序执行阶段:PLC 按用户程序指令存放的先后顺序扫描并执行每条指令,经相应的

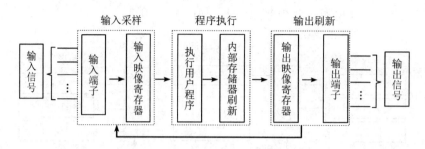

图 1-5　PLC 的工作过程

运算和处理后,其结果再写入输出状态寄存器中。输出状态寄存器中所有的内容随着程序的执行而改变。

　　输出刷新阶段:当所有指令执行完毕后,输出状态寄存器的通断状态送至输出锁存器中,并通过一定的方式输出,驱动相应输出设备工作。

1.2.3　PLC 的编程语言

　　PLC 的编程语言与一般计算机语言相比具有明显的特点,它既不同于一般的高级语言,也不同于一般的汇编语言。目前,不同厂家都开发针对自己 PLC 产品的编程软件。根据国际电工委员会制定的工业控制编程语言标准(IEC1131-3),PLC 的编程语言有以下五种:梯形图语言(LD)、指令表语言(IL)、功能模块图语言(FBD)、顺序功能流程图语言(SFC)和结构化文本语言(ST)。西门子 S7-1200 只支持梯形图和功能模块图这两种编程语言,在本书中所有项目程序均采用梯形图编程语言。

　　梯形图语言(LAD)是 PLC 程序设计中最常用的编程语言。它是与继电器控制电路图类似的一种编程语言,故梯形图称为电路或程序。

　　梯形图主要由左母线、触点、线圈和指令盒/功能框组成,如图 1-6 所示。

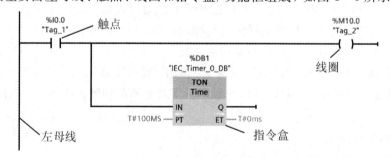

图 1-6　梯形图组成

1. 左母线
左母线即梯形图左侧的粗竖线,左母线对应于继电-接触器控制系统中的"相线"。

2. 触点
触点分常开、常闭触点,图形符号分别为 ┤├ 和 ┤/├,代表逻辑"输入"的条件。

3. 线圈
线圈图形符号为 ─( )─,代表逻辑"输出"结果。

4. 指令盒/功能框

指令盒/功能框代表附加指令，如计数器、定时器、功能指令或逻辑运算指令等。

梯形图编程语言与原有的继电器控制的不同点是梯形图中的能流不是实际意义的电流，内部的继电器也不是实际存在的继电器，在应用时需要区别于传统继电器控制的概念。

1.2.4　S7-1200 系列 PLC

S7-1200 PLC 是西门子公司于 2009 年推出的小型 PLC，其硬件主要包括 CPU 模块、电源模块、信号模块、通信模块和信号板。CPU 模块是 S7-1200 PLC 硬件中核心的部件。

1. CPU 模块的外形

S7-1200 PLC 的 CPU 外形如图 1-7 所示，其集成了微处理器、电源、数字量输入/输出电路、模拟量输入/输出电路、PROFINET 以太网接口，具备高速运动控制功能。图 1-7 中①为电源接口，即向 CPU 模块供电的接口；②为存储卡插槽；③为板载 I/O 的状态 LED 指示灯，通过这些指示灯的亮灭来显示各输入/输出信号的有无；④为可拆卸用户接线连接器，即接线端子，位于保护盖的下面；⑤为 PROFINET 连接器（集成的以太网口，位于 CPU 的底部），使用网线即可进行程序下载和设备组网；⑥为 CPU 工作状态 LED 指示灯，分别为 STOP/RUN、ERROR 和 MAINT，当 CPU 处于停止模式（STOP 模式）时，STOP/RUN 指示灯亮黄灯，当 CPU 处于运行模式（RUN 模式）时，STOP/RUN 指示灯亮绿灯；⑦为安装信号板（SB）的位置，在不改变 CPU 外形和体积的情况下，在 CPU 的前方安装一个信号板，即可轻松扩展数字或模拟量 I/O。

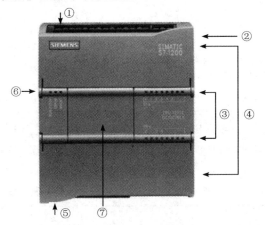

图 1-7　S7-1200 PLC 的 CPU 外形

2. CPU 模块的型号

目前，S7-1200 PLC 有五种不同的 CPU 模块，分别为 CPU1211C、CPU1212C、CPU1214C、CPU1215C 和 CPU1217C，其主要技术参数如表 1-1 所示。

S7-1200 PLC 的 CPU 模块根据电源信号、输入信号和输出信号的类型又可细分为三种规格，分别为 DC/DC/DC、DC/DC/RLY 和 AC/DC/RLY，这在 CPU 模块的外壳上可以看到。目前，CPU217C 只有 DC/DC/DC 规格。其中，第一个符号表示 CPU 模块供电电源类型：AC 为交流电，电压范围为 120～240 V AC；DC 为 24 V 直流电；第二个符号 DC 表示输入端的电源类型为直流电源,电压范围为 0.4～28.8 V DC;第三个符号表示输出形式:DC 表示输出形式为晶体管输出型,RLY 表示继电器输出型。其中继电器输出型 CPU 输出端既可以直接控制直流负载,也可以直接控制交流负载,而晶体管输出型 PLC 只能直接控制直流负载。

表 1-1　S7-1200 PLC 的 CPU 技术参数

CPU 型号		CPU1211C	CPU1212C	CPU1214C	CPU1215C	CPU1217C
外形尺寸/(mm×mm×mm)		90×100×75	90×100×75	110×100×75	130×100×75	150×100×75
本机 I/O 点数	数字量	6 入/4 出	8 入/6 出	14 入/10 出	14 入/10 出	14 入/10 出
	模拟量	2 路输入	2 路输入	2 路输入	2 路输入/2 路输出	2 路输入/2 路输出
最大本地 I/O 点数	数字量	14	82	284	284	284
	模拟量	13	19	67	69	69
用户存储器	工作存储器	50 KB	75 KB	100 KB	125 KB	150 KB
	负载存储器	1 MB	2 MB	4 MB	4 MB	4 MB
过程映像大小		输入(I)1024 个字节　　输出(Q)1024 个字节				
信号模块(SM)扩展		无	2 个	8 个	8 个	8 个
通信模块(CM)		3 个(左侧扩展)				
信号板(SB)、电池板(BB)或通信板(CB)		1 个				
脉冲输出		最多可组态 4 路,CPU 本体 100 kHz,通过信号板可输出 200 kHz(CPU1217 最多支持 1 MHz				
高速计数器		3 路	5 路	6 路	6 路	6 路

【注意】　工作存储器相当于 PC 的内存,负载存储器相当于 PC 的硬盘。

在购买 S7-1200 PLC 模块时,通常需要给商家提供订货号,每种不同型号的 PLC 对应的订货号如表 1-2 所示。

表 1-2　S7-1200 PLC 的各 CPU 型号及订货号

CPU 型号	规　格	订货号
CPU1211C	DC/DC/DC	6ES7 211-1AE30-0XB0
	AC/DC/RLY	6ES7 211-1BE30-0XB0
	DC/DC/RLY	6ES7 211-1HE30-0XB0
CPU1212C	DC/DC/DC	6ES7 212-1AE30-0XB0
	AC/DC/RLY	6ES7 212-1BE30-0XB0
	DC/DC/RLY	6ES7 212-1HE30-0XB0

续表

CPU 型号	规　格	订货号
CPU1214C	DC/DC/DC	6ES7 214-1AG30-0XB0
	AC/DC/RLY	6ES7 214-1BG30-0XB0
	DC/DC/RLY	6ES7 214-1HG30-0XB0
CPU1215C	DC/DC/DC	6ES7 215-1AG30-0XB0
	AC/DC/RLY	6ES7 215-1BG30-0XB0
	DC/DC/RLY	6ES7 215-1HG30-0XB0
CPU1217C	DC/DC/DC	6ES7 217-1AG30-0XB0

3. CPU 模块的外部接线

目前，S7-1200 PLC 的 CPU 模块种类虽然只有五种，但其外部接线大致类似，本书中各项目都将以 CPU1214C 做控制器来进行 PLC 硬件和程序的设计，因此本节内容主要学习 CPU1214C 及外部接线。

CPU1214C 主机模块有数字量 I/O 点数 24 个，其中 14 个输入点（即输入继电器 I）和 10 个输出点（输出继电器 Q）。输入/输出点的地址编号采用八进制数编址，输入点的首地址编号可以在博途平台里进行设置，如输入点地址可以设置为 I0.0～I0.7、I1.0～I1.5；输出点的地址编号可以设置为 Q0.0～Q0.7、Q1.0～Q1.1。

图 1 - 8、图 1 - 9 和图 1 - 10 分别为 CPU1214C AC/DC/RLY、CPU1214C DC/DC/RLY 和 CPU1214C DC/DC/DC 的外部端子接线图。图中①处表示模块加电运行时，电源

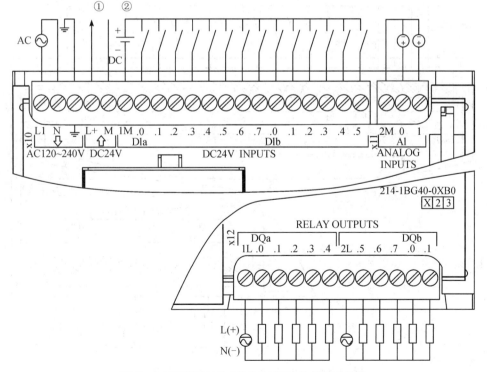

图 1 - 8　CPU1214C AC/DC/RLY 外部端子接线

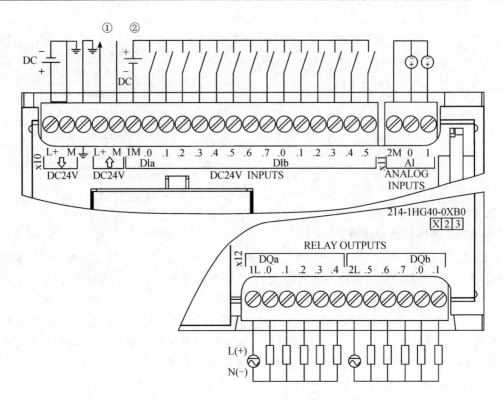

图 1-9　CPU1214C DC/DC/RLY 外部端子接线

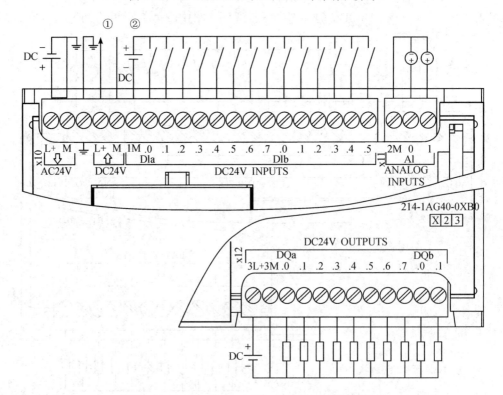

图 1-10　CPU1214C DC/DC/DC 外部端子接线

可以对外提供 24 V 直流电源,只不过该电源的带载能力比较小,通常只能用作外围传感器的供电电源。图中②处是输入端 DC 24 V 电源的连接方式,支持 PNP 型和 NPN 型两种连接方式,图中为 PNP 型接法(电源的负极与公共端子 1M 相连,当外部开关闭合后,PLC 的输入端子为高电平有效),NPN 型接法则是电源的正极与公共端子 1M 相连,当外部开关闭合后,PLC 的输入端子为低电平有效,与三菱的 FX2 系列 PLC 不同,后者只支持 NPN 型接法。该电源可以另外外接,或者选用模块内置的 DC 24V 电源。

CPU1214C 主机模块集成了两路模拟量输入通道:通道 0 和通道 1。在模块的右上角位置是模拟量信号的输入端子,通道 0 的默认地址为 IW64,通道 1 的默认地址为 IW66。模拟量输入通道的量程范围为 0~10V,通常用于接收传感器或变送器输出的电压信号。

CPU1214C 输出端子的接线有继电器输出(RLY)和晶体管输出(DC)两种形式。继电器输出形式(RLY)的输出端子分为两组,其公共端分别为"1L"和"2L",其供电电源可以是直流电源也可以是交流电源,电压大小可以不同,对于直流电源也无方向要求,因此可以用于同时控制不同供电电源的负载。晶体管输出(DC)如图 1-10 所示,负载电源只能是直流电源,而且直流电源的正端必须与 3L+相连,3M 接地,即输出高电平信号有效,因此是 PNP 输出。晶体管输出型不可直接控制交流接触器以及变频器等设备。

【注意】 在图 1-9 和图 1-10 中都有两个"L+"和两个"M"端子,模块左上角的第一组"L+"和"M"端子是该模块的工作电源输入端,切记不要短接两个"L+",否则容易烧毁 CPU 模块内部的电源。

1.2.5 S7-1200 系列 PLC 的扩展模块及接线

在实际工程项目中,我们往往会遇到 PLC 控制器的本机 I/O 点数不够用的情况,此时可以使用扩展模块来增加 I/O 点数以满足实际需要。S7-1200 PLC 可以通过安装信号板和扩展信号模块的方法来扩展 I/O 点数。

1. 信号板(SB)

S7-1200 PLC 的 CPU 正面都可以安装一块信号板,如图 1-11 所示,安装后不会改变 CPU 的外形和体积。目前,可以用来扩展 I/O 点数的信号板主要有 SB1221(数字量输入板)、SB1222(数字量输出板)、SB1223(数字量输入/输出板)、SB1231(模拟量输入板)和 SB1232(模拟量输出板)。

图 1-11 S7-1200 PLC 的信号板

1) 数字量输入板(SB1221)

SB1221 信号板有 4 个数字量输入点,其外部接线如图 1-12 所示。目前,SB1221 只能采用 NPN 型输入方式(NPN 型:当外接开关闭合时,SB1221 对应的输入端子为低电平有效),其供电电源可以是 DC 24 V 或 5 V。

2) 数字量输出板(SB1222)

SB1222 信号板有 4 个数字量输出点,其外部接线如图 1-13 所示。目前,SB1222 只能采用 PNP 型输出方式,即 SB1222 对应的输出端子高电平有效,其供电电源可以是 DC 24 V 或 5 V。

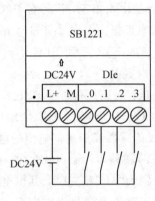 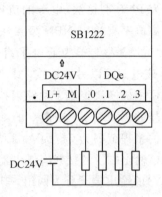

图 1-12　SB1221 的接线　　　　图 1-13　SB1222 的接线

3) 数字量输入/输出板(SB1223)

SB1223 信号板有 2 个数字量输入点和 2 个数字量输出点,其外部接线如图 1-14 所示。目前,SB1223 只能采用 NPN 输入方式和 PNP 型输出方式,其供电电源可以是 DC 24 V 或 5 V。

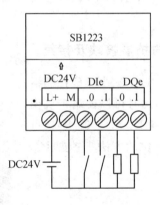

图 1-14　SB1223 的接线

4) 模拟量输入板(SB1231)

SB1231 信号板提供了 1 路模拟量输入通道,输入的模拟电压信号有 ±10 V、±5 V 和 ±2.5 V 满量程转换对应的数字范围为 −27 648～27 648;模拟电流信号为 0～20 mA,满量程转换对应的数字范围为 0～27 648。

5) 模拟量输出板(SB1232)

SB1232 信号板提供了 1 路模拟量输出通道,输出的模拟电压为 ±10 V,输出的模拟电流信号为 0～20 mA,满量程转换对应的数字范围为 0～27 648。

2. 信号模块(SM)

S7-1200 PLC 信号模块安装在 CPU 模块的右侧,最多可扩展 8 块信号模块。其中,CPU1212C 可扩展 2 块信号模块,CPU1214C、CPU1215C 和 CPU1217C 可扩展 8 块信号模块。

　　信号模块包括数字量输入/输出模块和模拟量输入/输出模块。输入模块用来接收和采集输入信号，数字量输入模块用来接收从按钮、选择开关、数字拨码开关、限位开关、接近开关、光电开关和压力继电器等提供的数字量输入信号。模拟量输入模块用来接收电位器、测速发电机和各种变送器提供的连续变化的模拟量电流、电压信号，或者直接接收热电阻、热电偶提供的温度信号。

　　数字量输出模块用来控制接触器、电磁阀、电磁铁、指示灯、数字显示装置和报警装置等输出设备，模拟量输出模块可以用来控制电动调节阀、变频器等执行器。

　　S7-1200 PLC信号模块型号规格很多，如表1-3所示，表中列出了几种常用的数字量输入和输出模块，其端子的接线与CPU端子接线类似。

表 1 - 3　数字量输入/输出模块

型　号	输入/输出	型　号	输入/输出
SM1221	8点输入 DC 24V	SM1223	8点输入 DC 24V/8点继电器输出 2A
	16点输入 DC 24V		16点输入 DC 24V/16点继电器输出 2A
SM1222	8点继电器输出 2A		8点输入 DC 24V/8点输出 DC 24V 0.5A
	16点继电器输出 2A		16点输入 DC 24V/16点输出 DC 24V 0.5A
	8点输出 DC 24V 0.5A		8点输入 AC 220V/8点继电器输出 2A
	16点输出 DC 24V 0.5A		

　　模拟量输入和输出模块主要有SM1231、SM1232和SM1234等，输入和输出通道有2路、4路和8路，见表1-4。

表 1 - 4　模拟量输入/输出模块

型　号	输入/输出	型　号	输入/输出
SM1231	4路模拟量输入	SM1232	2路模拟量输出
	8路模拟量输入		4路模拟量输出
SM1234	4路模拟量输入/2路模拟量输出		

1.3　项目实施

1.3.1　硬件电路设计与搭建

1. 分配 PLC I/O 地址

　　本项目的控制对象是交流接触器的线圈，所以为了方便硬件接线，这里主机模块选用CPU1214C DC/DC/RLY(14入/10出)。

　　接下来需要明确：哪些元件应该接在PLC的输入端，哪些元件应该接在PLC的输出端？在PLC的控制系统中，原则上发出命令的元器件(如按钮、开关、热继电器和传感器等)应该接在 PLC 的输入端,而执行命令的元器件(如接触器、指示灯、电磁阀等)则应该接在 PLC 的输出端。

　　根据本项目的控制要求,按钮 SB 和热继电器 FR 应该接入 PLC 的输入端,而交流接触器的线圈 KM 应该接在 PLC 的输出端,本系统的 I/O 分配如表 1-5 所示。

表 1-5　系统 I/O 分配表

输入/输出类别	元件名称/符号	I/O 地址
输入	按钮 SB	I0.0
	热继电器 FR	I0.1
输出	接触器 KM 线圈	Q0.0

2. 设计 PLC 控制电路

　　PLC 控制系统取代继电器/接触器控制系统后,系统的主电路不发生改变,改变的只是控制电路部分,所以图 1-2 所示电路右侧部分的控制电路换成了图 1-15 所示的 PLC 控制电路。将控制系统中下达指令的设备(如按钮 SB、热继电器的触点 FR)接到 PLC 的输入端子上,被控对象(如交流接触器的线圈 KM)接到 PLC 的输出端子上。

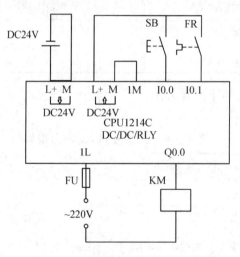

图 1-15　传送带点动 PLC 控制电路图

1.3.2　控制程序设计

　　在 PLC 控制系统中,除了搭建硬件电路外,程序的设计也是必不可少的。PLC 程序的设计方法有移植设计法、经验设计法和顺序控制设计法。我们采用移植设计法来设计本项目的 PLC 程序。

1. 移植设计法

　　随着智能制造的飞速发展,PLC 控制取代继电器控制已成必然趋势,而继电器控制电路又与 PLC 控制梯形图有很多相似之处,因此我们可以将继电器控制电路进行适当"翻译",从而设计出具有相同功能的 PLC 梯形图程序,这种设计方法称为移植设计法。

　　将外部输入设备的触头用 PLC 输入继电器的触点来替代,外部输出设备的线圈用

PLC 的输出继电器的线圈来替代，用上述的思路便可以将继电器控制电路转换成为功能相同的 PLC 外部接线图和梯形图。

2. 控制程序设计

继电器/接触器实现电动机点动控制的电路如图 1-16 所示，由热继电器 FR 的常闭触头，按钮 SB 的常开触头和交流接触器 KM 线圈串联构成，将该控制电路"翻译"成梯形图程序的过程如下。

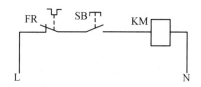

图 1-16　继电器/接触器实现传送带点动控制电路图

（1）在图 1-15 所示的控制电路中可以看到，热继电器 FR 的常开触头与 PLC 的 I0.1 端子相连，由于图 1-16 中使用的是热继电器 FR 的常闭触头，因此在梯形图中可用 I0.1 的常闭触点替代了继电器控制电路里热继电器 FR 的常闭触头。

（2）按钮 SB 的常开触头与 PLC 的 I0.0 端子相连，由于图 1-16 中使用的是按钮 SB 的常开触头，因此梯形图中用 I0.0 的常开触点替代了继电器控制电路里的按钮 SB 的常开触头。

（3）交流接触器 KM 的线圈与 PLC 的 Q0.0 端子相连，则梯形图中用 Q0.0 的线圈替代图 1-16 中交流接触器 KM 的线圈。

用移植法设计的 PLC 控制程序如图 1-17 所示，与图 1-16 对照可以看出，二者在结构形式上和输入/输出的逻辑关系上保持一致。

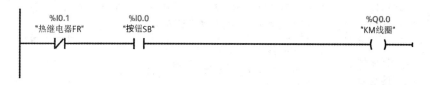

图 1-17　PLC 实现传送带点动控制梯形图

3. 控制过程分析

PLC 实现传送带点动控制的硬件电路应该包括图 1-2 所示中左侧部分的主电路和图 1-15 所示的 PLC 控制电路，再结合图 1-17 所示的梯形图程序，才能实现系统控制功能。那么 PLC 控制系统到底是如何把硬件和软件结合在一起的呢？

如图 1-18 所示，PLC 的每个输入端子与其公共端 1M 之间可以用其继电器线圈来等效，而每个输出端子与其公共端 1L 或 2L 之间可以用其继电器触点来等效，分析图中硬件和软件结合实现的控制过程：当按住按钮 SB 时，I0.0 线圈得电，经过 PLC 内部电路的转化，使梯形图中其对应的常开触点 I0.0 闭合，Q0.0 线圈得电，再经过 PLC 内部电路的转化，使 Q0.0 的常开触点闭合，且外接的交流接触器 KM 线圈得电，这时其接在系统主电路中的主触头闭合，则接通三相异步电动机的电源，电动机得电启动运行。松开按钮 SB 时，I0.0 线圈失电，经过 PLC 内部电路的转化，使梯形图中其对应的常开触点 I0.0 断开，Q0.0 线圈失电，再经过 PLC 内部电路的转化，使 Q0.0 的常开触点断开，且外接的交流接触器 KM 线圈失电,这时其接在系统主电路中的主触头断开,则切断三相异步电动机的电源,电动机失电则系统停止运行。

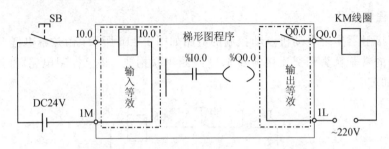

图 1-18　PLC 控制系统软、硬件结合分析图

比较继电器/接触器控制系统和 PLC 控制系统可以发现,前者属于硬件连线控制的方式,在启动按钮 SB 被按下后,通过各设备之间的连线控制逻辑来决定交流接触器 KM 线圈是否得电,从而控制电动机的运行和停止。而 PLC 控制系统属于硬件连线和程序结合的控制方式,PLC 利用其内部的"软继电器"替代了传统的物理继电器,使控制系统的硬件结构得到了很大程度的简化。当某些控制要求改变时,不需要对硬件结构做改动,只需要在控制程序上进行修改就可以了,大大提高系统的灵活性。PLC 控制系统中的输入回路和输出回路在电气上是完全隔离的。

1.3.3　考核评价

内　容	评分点	配分	评 分 标 准	自评	互评	师评
系统硬件电路设计30 分	元器件的选型	10	元器件选型合理;能很好地掌握元器件型号的含义;遵循电气设计安全原则			
	电气原理图的绘制	20	电路设计规范,符合实际工程设计要求;电路整体美观,图形符号规范、正确,错1处扣1分			
硬件电路搭建20 分	布线工艺	5	能按控制要求合理走线,且能考虑最优的接线方案,节约使用耗材。符合要求得5分。否则酌情扣分			
	接线头工艺	10	连接的所有导线,必须压接接线头,不符合要求扣1分/处;同一接线端子超过两个线头、露铜超 2 mm,扣 1 分/处;符合要求得10分			
	整体美观	5	根据工艺连线的整体美观度酌情给分,所有接线工整美观得5分			
硬件电路检查20 分	不通电检查	10	检查方法正确,工具使用规范			
	通电检查	10	按钮 SB 按下/松开时,PLC 的输入点I0.0 的指示灯亮/灭是否符合要求			

内容	评分点	配分	评 分 标 准	自评	互评	师评
软硬件 联调 10 分	点动控制 的实现	10	理解继电器/接触器控制电路与 PLC 程序 的联系			
职业素养 与 安全意识 20 分	工具摆放	5	保持工位整洁，工具和器件摆放符合规范， 工具摆放杂乱，影响操作，酌情扣分			
	团队意识	5	团队分工合理，有分工有合作			
	操作规范	10	操作符合规范，未损坏工具和器件，若因 操作不当，造成器件损坏，该项不得分			
得　分						

1.4　知识延伸——PLC 的选用

在工程项目中，对 CPU 主机模块的选型通常根据系统控制要求及所需的 I/O 点数来选择。在 I/O 点数满足控制要求的情况下，应该选择晶体管输出型 CPU 还是继电器输出型 CPU 呢？

首先，我们必须明白晶体管输出型 CPU 与继电器输出型 CPU 的区别，然后再结合具体情况来选择。表 1-6 中列出了晶体管输出型 CPU 和继电器输出型 CPU 的区别。

表 1-6　晶体管输出型 CPU 和继电器输出型 CPU 的区别

CPU 输出 类型	负载类型	负载 能力	响 应 速 度	使 用 寿 命
晶体管 输出型	直流负载（直流 24 V）	0.5 A 左右	响应时间快（约 0.2 ms 甚至更 小），用于控制伺服/步进等动作频 率高的场合	继电器是机械元 件，有动作寿命
继电器 输出型	交、直流负载 （直流 24 V 或 交流 220 V）	5A 左右	响应时间慢（约 10 ms），用于动作 频率很低的场合	晶体管是电子元 件，只有老化，没有 使用次数限制

对于继电器输出型 CPU 无法输出脉冲信号，此类 CPU 在需要脉冲列输出时，必须安装具有数字量输出信号的信号板。

对于晶体管输出型 CPU 不能直接驱动交流负载，但可以通过连接直流中间继电器的方法来解决。如图 1-19 所示，在 PLC 的输出端连接一个直流中间继电器 KA，再将中间继电器 KA 的常开触点与交流接触器 KM 的线圈串联，也实现了 PLC 控制电路的交流和直流的隔离。

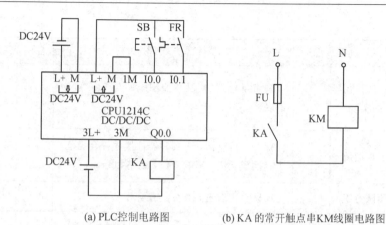

(a) PLC控制电路图　　　　(b) KA 的常开触点串 KM 线圈电路图

图 1-19　晶体管输出型 S7-1200PLC 驱动交流负载电路图

1.5　拓展训练——PLC 的安装

1. CPU 模块的安装与拆卸

S7-1200 PLC 的 CPU 模块、信号模块和通信模块都支持面板式安装和导轨式安装两种方式，导轨采用标准的 35 mm DIN 导轨。使用模块上的导轨夹可以使模块固定在导轨上，这个导轨夹也提供了使用螺钉进行面板式安装的螺孔，螺孔的内径是 4.3 mm。将 CPU 模块安装在 DIN 导轨上的步骤如下：

（1）拉出 CPU 模块下方的 DIN 导轨夹，如图 1-20(a)所示。此时 CPU 模块背面如图 1-20(b)所示。

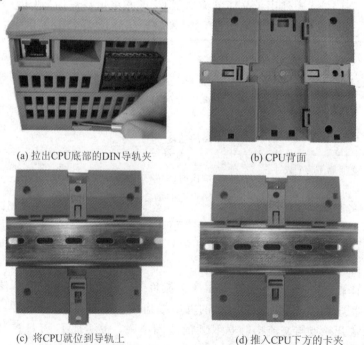

(a) 拉出CPU底部的DIN导轨夹　　　　(b) CPU背面

(c) 将CPU就位到导轨上　　　　(d) 推入CPU下方的卡夹

图 1-20　CPU 模块安装示意图

（2）将导轨固定在安装板上后，将 CPU 模块背面的导轨夹挂接在 DIN 导轨的上方。

（3）向下转动 CPU 模块使其卡进导轨上，背面如图 1 - 20(c)所示。

（4）推入 CPU 下方的卡夹将 CPU 锁定在导轨上，背面如图 1 - 20(d)所示。

准备拆卸 CPU 模块时，一定要先断开 CPU 模块的电源及 I/O 口上的连接线等，然后将 CPU 与所有连接的通信模块作为一个整体进行拆卸。如果信号模块已经连接到 CPU 模块上，则先缩回总线连接器。操作步骤如下：

（1）将螺丝刀放在信号模块上方的连接器旁边，如图 1 - 21 所示。

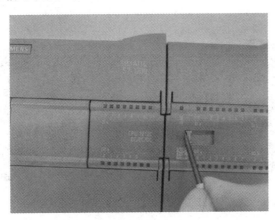

图 1 - 21　将连接器与 CPU 分离

（2）按下螺丝刀，将总线连接器与 CPU 模块分离，然后将小连接头滑到右侧，缩回总线连接器。

（3）拉出 DIN 导轨卡夹，将 CPU 从导轨上松开。

（4）往上旋转 CPU，使其脱离导轨，再从导轨上卸下 CPU。

【注意】　PLC 的数字量 I/O 模块和模拟量 I/O 模块应安装在 CPU 模块的右侧，通信模块安装在 CPU 模块的左侧。

2. 信号模块的安装与拆卸

信号模块的安装与 CPU 模块的安装类似，信号模块的左侧带有总线连接器，如图 1 - 22 所示。操作步骤如下：

图 1 - 22　信号模块

　　(1) 拉出信号模块下方的 DIN 导轨夹。

　　(2) 将信号模块背面的导轨夹挂接在 DIN 导轨的上方,向下转动信号模块使其就位到导轨上,并紧靠前面的 CPU 模块,如图 1-23(a)所示。

　　(3) 推入信号模块下方的卡夹将信号模块锁定在导轨上。

　　(4) 将螺丝刀放在信号模块上方的总线连接器右边,按下螺丝刀,将小连接头滑到左侧,确保总线连接器与 CPU 模块连接上,如图 1-23(b)所示。

　　准备拆卸信号模块时,一定要先断开信号模块的电源及 I/O 口上连接线,然后使用螺丝刀缩回总线连接器。

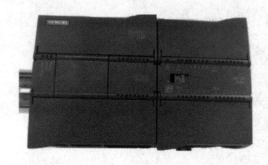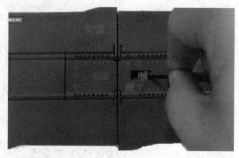

(a) 将信号模块就位到导轨上　　　　　　　(b) 将小连接头滑到左侧

图 1-23　信号模块的安装

项目 2　传送带连续运行控制

知识目标

(1) 认识博途 Portal 视图和项目视图的操作界面;

(2) 掌握 TIA 博途平台的基本操作;

(3) 掌握 PLC 程序的上传方法;

(4) 掌握梯形图中自锁控制的实现方法。

技能目标

(1) 学会安装和使用 TIA 博途平台;

(2) 学会用移植法编写出传送带连续运行控制的梯形图;

(3) 学会设计和搭建简单的 PLC 控制硬件电路。

2.1　项目描述

现知某一生产线的物料传送带由一台三相异步电动机驱动,控制台安装了两个按钮,分别是 SB1 和 SB0。现要求实现当按下启动按钮 SB1 时,电动机驱动传送带连续向前传送物料;当按下停止按钮 SB0 时,传送带停止向前,从而实现传送带的连续运行控制。采用继电器/交流接触器控制传送带连续运行的电路图如图 2-1 所示。其控制过程为当按下启

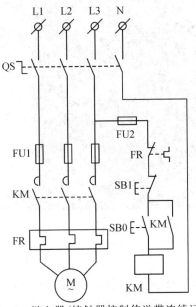

图 2-1　继电器/接触器控制传送带连续运行

动按钮 SB1 时,交流接触器 KM 线圈得电,SB1 两端的 KM 常开辅助触点闭合形成自锁。同时主电路里的 KM 主触点闭合,电动机启动运行,当按下停止按钮 SB0 时,电动机停止运转。电路中的低压断路器 QS、熔断器 FU 和热继电器 FR 分别起到了短路保护和过载保护的功能。那么如何用 PLC 来实现该电动机的连续运行控制呢?

2.2　知识链接

2.2.1　初识 TIA 博途

S7-1200 PLC 的编程是在 TIA(Totally Integrated Automation,全集成自动化)博途平台上实现的。TIA 博途是西门子公司新推出的面向工业自动化领域的新一代工程软件平台,不同功能的软件包都可以在这个平台上同时运行,该平台集成了 PLC 编程软件 SIMATIC STEP7 Professional、运动控制软件 SINAMICS Start Drive 和可视化组态软件 SIMATIC WinCC 等。TIA 博途平台有两个视图,分别为 Portal 视图和项目视图。

1. TIA Portal 视图

当我们进入 TIA 博途平台时,打开的是其 Portal(门户)视图,它是面向任务的工具视图。如图 2-2 所示,该界面主要有四大部分:① 区域是各种工程任务的登录选项;② 区域是所选门户的任务(如选择启动,则显示"打开现有项目"和"创建新项目"等任务);③ 区域用于显示在②区域所选操作的内容(如图中②区域选择"新手上路",则③区域显示"新手上路"的相关内容);④ 是切换到项目视图的按钮。

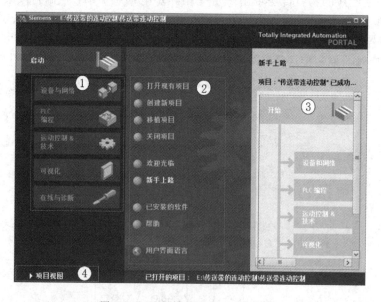

图 2-2　TIA 博途平台 Portal 视图

2. 项目视图

项目视图是项目所有组件的结构化视图,是项目组态和编程的界面。单击图 2-2 中左下角的"项目视图"按钮可以进入如图 2-3 所示的项目视图界面。项目视图主要包含以下九个区域。

1）菜单和工具栏

如图 2-3 中①所示，该区域包含了工作所需的全部命令。当鼠标移至工具栏中的某个快捷键时，会自动显示出其对应的功能。

2）项目树（项目浏览器）

如图 2-3 中②所示，在该区域可以访问所有组件和项目数据，可以添加新的设备、编辑现有设备，打开处理项目数据的编辑器等。项目树界面主要包括的区域如图 2-4 所示。下面重点介绍几个常用区域。

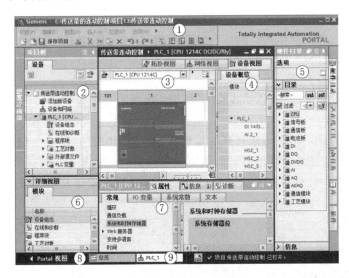

图 2-3　TIA 博途平台项目视图

图 2-4 中①为标题栏，可以通过右侧的自动按钮▥和手动按钮◀折叠项目树。

图 2-4 中②为打开的项目名称，点开其左侧的小三角可以找到与项目相关的所有对象和操作。

图 2-4 中③为添加的设备名称，项目中的每个设备都有各自单独的文件夹，属于该设备的对象和操作都在该文件夹中。

3）工作区

图 2-3 中③所示，用于显示当前打开的编辑器。如果在执行某些任务时，需要同时查看两个或两个以上的编辑器，则可以使用"拆分编辑器"（Split editor）菜单命令或工具栏中的相应按钮▤▥，同时显示两个编辑器。或者单击编辑器右上角的"浮动"按钮▱，则可以用鼠标拖动编辑器到任意位置。

图 2-4　项目树

4）设备概览、网络概览和拓扑概览区

图 2-3 中④所示，根据工作区中打开设备组态的设备视图、网络视图和拓扑视图的切换而显示不同信息。

5）任务卡

图 2-3 中⑤所示，可以用右边竖条上的按钮来切换任务卡显示的内容，图中显示的是"硬件目录"的相关内容。

6）详细视图

图 2-3 中⑥所示，用于显示项目树中被选中对象的下一级内容。

7）巡视窗口

图 2-3 中⑦所示，显示用户在工作区中所选对象的属性和信息；当用户选择不同的对象时，巡视窗口会显示用户可组态的属性。

8）切换到 Portal 视图

图 2-3 中⑧所示，单击"Portal 视图"按钮，视图可从项目视图切换到 Portal 视图。

9）编辑器栏

图 2-3 中⑨所示，用来显示打开的编辑器，如果同时打开了多个编辑器，可以通过单击编辑器栏中的相应图标，在已打开的编辑器之间进行快速切换。

各区域的大小可以将鼠标放置区域边沿通过拖曳的方式变大和缩小。

2.2.2　硬件组态

1. 创建一个新项目

在 TIA 博途平台中，创建一个新项目可以有以下 3 种方法：

方法 1：打开 TIA 博途平台，在 Portal 视图中，如图 2-5 所示，单击"创建新项目"按钮，设置好项目名称及路径，然后点"创建"按钮，完成新项目的创建。

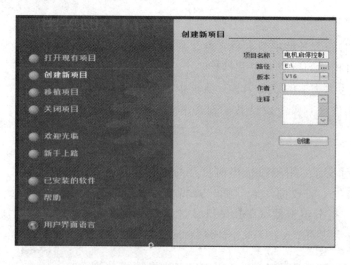

图 2-5　创建新项目方法 1

方法 2：打开 TIA 博途平台，在项目视图中，如图 2-6 所示，选择项目栏中的"项目"，单击"新建"，在弹出的界面中，设置好项目名称及路径，然后单击"创建"按钮，完成新项目的创建。

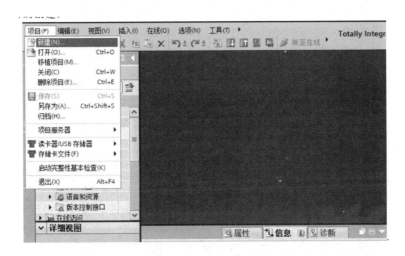

图 2-6 创建新项目方法 2

方法 3：打开 TIA 博途平台，在项目视图中，单击工具栏中的快捷键按钮 ，如图 2-7 所示。在弹出的界面中，设置好项目名称及路径，然后单击"创建"按钮，完成新项目的创建。

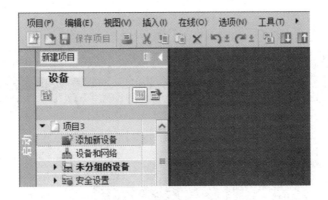

图 2-7 创建新项目方法 3

2. 添加 CPU 模块

项目视图是博途平台中硬件组态和编程的主窗口。在项目视图的项目树设备栏中，双击"添加新设备"，弹出如图 2-8 所示的界面，在下拉栏中选择需要的 CPU 型号，然后单击"确定"按钮，则完成新设备的添加。此时，我们可以发现在项目树的设备栏中出现了添加的 PLC 名称（注：鼠标移至此处并单击右键，在弹出的选项中选择"删除"，可以删除已经添加的 PLC），同时在工作区中打开设备视图，如图 2-9 所示，显示已添加或已选择的设备及相关模块。

通过选项卡可以切换到网络视图（显示网络中的 CPU 和网络连接）和拓扑视图（显示网络的 PROFINET 拓扑，包括设备、无源组件、端口、互连和端口诊断）。另外，也可以在 Portal 视图中依次单击"设备与网络"→"添加新设备"→"控制器"，来添加 CPU 模块。

图 2-8　添加新设备

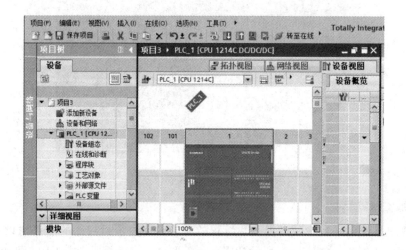

图 2-9　添加新设备后打开的设备视图

【思考】　某工程师在博途平台中操作"添加新设备"步骤时遇到了困难,因为他使用的这块 S7-1200 PLC 模块是二手的,其订货号被磨损看不清楚,请问你可以用什么办法快速地添加上该 PLC 模块?

分析:在确保该 PLC 模块已经上电,与电脑通过网线连接,且在通信正常的情况下,可以按以下操作步骤来实现。

(1)在项目视图的项目树设备栏中,双击"添加新设备",在弹出如图 2-10 所示的界面中,选择右侧的"控制器",依次点开"控制器"→"SIMATIC S7-1200"→"CPU""非特定

的 CPU 1200”，然后选中 6ES7 2XX-XXXXX-XXXX，单击“确定”按钮，在弹出的设备视图
（见图 2-11）中单击“获取”按钮，弹出对 PLC 进行硬件检测的窗口，如图 2-12 所示。

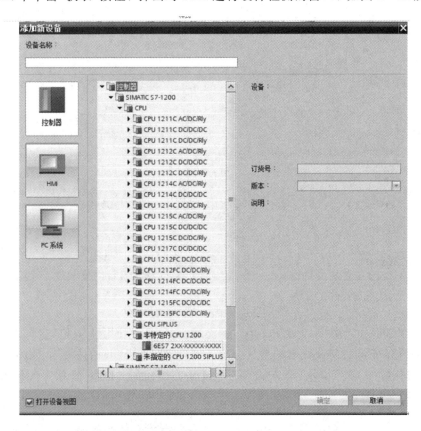

图 2-10　选择“非特定的 CPU1200”

图 2-11　单击设备视图中的“获取”

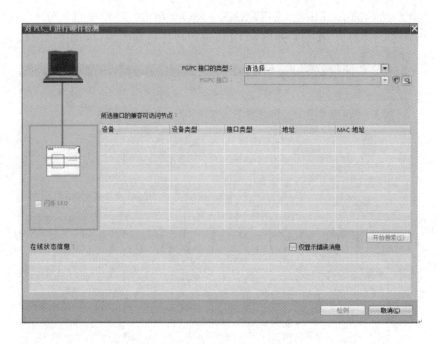

图 2-12　对 PLC 进行硬件检测

（2）设置 PG/PC 接口：PG/PC 接口的类型选择"PN/IE"，PG/PC 接口选择对应计算机网卡的型号，不同计算机网卡的型号会有不同，然后单击"开始搜索"，如图 2-13 所示。当搜索到可连接的 PLC 模块后，单击图 2-14 中右下角的"检测"按钮，该 PLC 模块就被添加完成了。

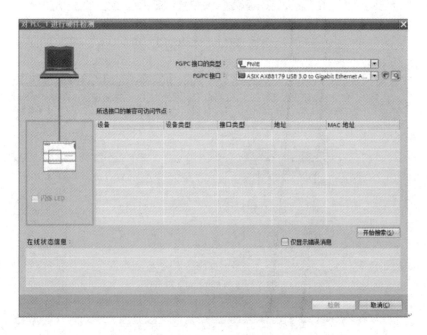

图 2-13　选择 PG/PC 接口类型及接口

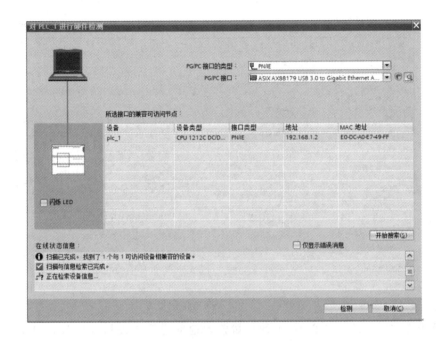

图 2-14　搜索到可连接的设备

3. CPU 参数设置

在设备视图的窗口中双击 PLC 模块，可以在软件界面的底部看到 PLC 的属性视图，单击"常规"选项，如图 2-15 所示，选择右边目录设置参数。

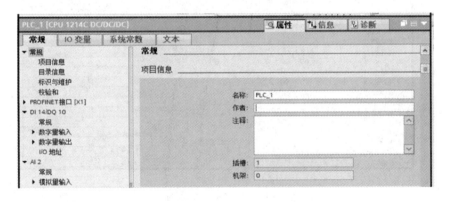

图 2-15　CPU 属性视图

1) 以太网地址配置

图 2-16 所示为以太网地址的设置界面，添加的子网名称默认为 PN/IE_1。在 IP 协议栏中可根据实际情况设置 IP 地址和子网掩码，默认 CPU 的 IP 地址为 192.168.0.1，子网掩码为 255.255.255.0，一般选择默认。PROFINET 的设备名称自动生成，用户可以选择默认或者也可根据实际情况在此处修改，或者在项目树中修改。

2) I/O 地址配置

S7-1200 PLC 的数字量输入/输出和模拟量输入/输出的 I/O 地址可以通过修改"起始地址"来重新定义字节地址，但一般选择默认。单击选项卡"I/O 地址"，如图 2-17 所示，

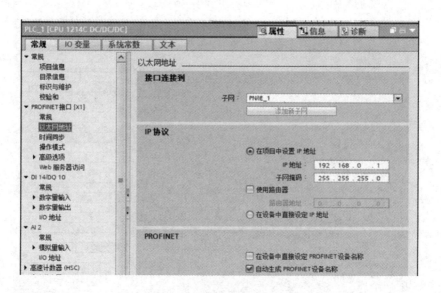

图 2-16　以太网地址的设置

如果选择默认"0",则 CPU1214C 的数字量输入地址为 I0.0~I0.7,I1.0~I1.5 共 14 点,数字量输出地址为 Q0.0~Q0.7、Q1.0、Q1.1 共 10 点。

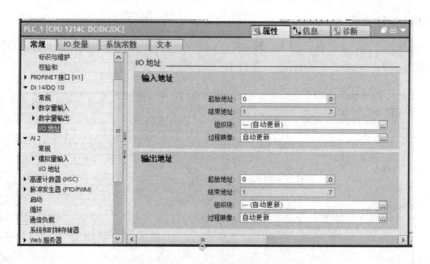

图 2-17　数字量 I/O 地址配置

4. 保存项目

在完成硬件组态的相关工作之后,记得保存项目。单击工具栏的 🔲 保存项目 快捷键,完成项目的保存。

5. 下载硬件配置

如图 2-18 所示,在项目树中,单击"PLC_1",然后单击鼠标右键,鼠标移至弹出选项"下载到设备"命令,点击弹出选项,选择"硬件配置"。如果对硬件组态有任何改动,都需要重新进行下载,否则所做的修改无效。

图 2-18 下载硬件配置

2.2.3 程序录入

在 TIA 博途平台中实现硬件的组态，在这节内容中，我们将学习如何录入和编译程序。S7-1200 PLC 的主程序一般写在 OB1 组织块中。

1. 打开主程序块 OB1

创建好新项目，并添加 CPU 模块，在项目视图左侧的项目树中，单击展开"PLC_1"→"程序块"，双击 Main【OB1】，打开主程序块 OB1。

2. 录入程序

1）插入指令

STEP 7 提供了两种在主程序块中插入指令的方法。

方法 1：从"收藏夹"工具栏调用指令。STEP 7 提供了"收藏夹"（Favorites）工具栏，可供用户快速访问常用的指令，如图 2-19 所示。选中程序段 1 中的水平线，然后依次单击收藏夹中相应指令 ⊣⊢ 、⊣/⊢ 和 ⊣ ⟩，即可将指令从左到右串联在水平线上。选中程序段 1

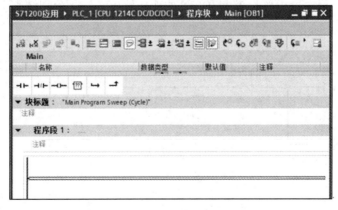

图 2-19 "收藏夹"工具栏

中的最左边的垂直"电源线"，依次单击 **↳** 、 **⊣⊢** 和 **↱**，则完成触点的并联。生成的梯形图如图 2 - 20 所示。

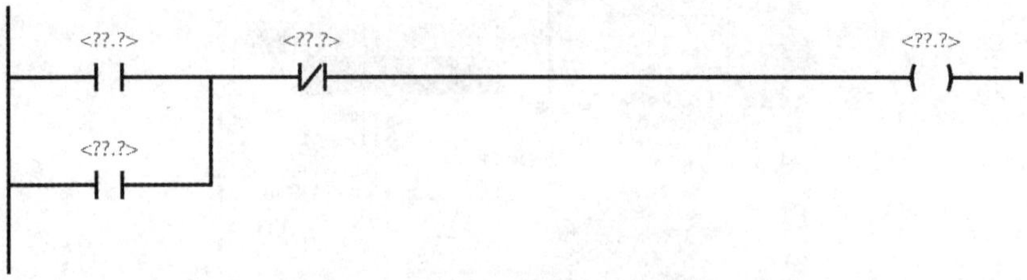

图 2 - 20　梯形图程序

方法 2：拖曳方式插入指令。将指令从任务卡拖曳到程序段中相应位置，如图 2 - 21 所示。STEP 7 提供了包含各种程序指令的任务卡，这些指令按功能分组，如基本指令，扩展指令、工艺指令和通信指令等。

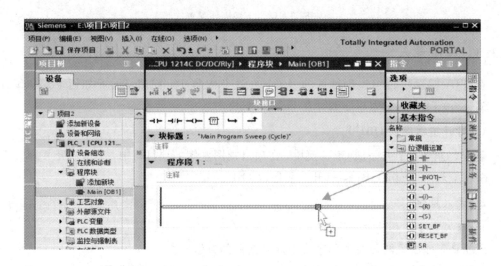

图 2 - 21　拖曳方式插入指令

2) 输入指令地址

方法 1：双击程序段中各指令上方红色的地址域 **<??.?>**，分别键入 I0.0、I0.1、Q0.0 和 Q0.0，如图 2 - 22 所示，便完成了一个简单梯形图的创建。

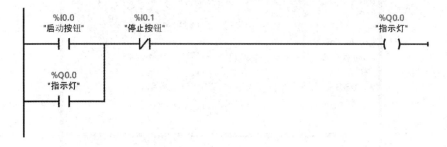

图 2 - 22　输入地址后的梯形图

方法 2：拖曳方式输入指令地址。使用"拆分编辑器"（Split editor）菜单命令（如图2-23所示）或工具栏中的相应按钮，可垂直或水平拆分工作区，同时打开程序编辑器和设备视图，并将设备视图放大到200%以上，如图2-24所示。可以将模块上的某个I/O点拖曳到程序编辑器中对应指令的地址域。

图 2-23　"拆分编辑器"菜单命令

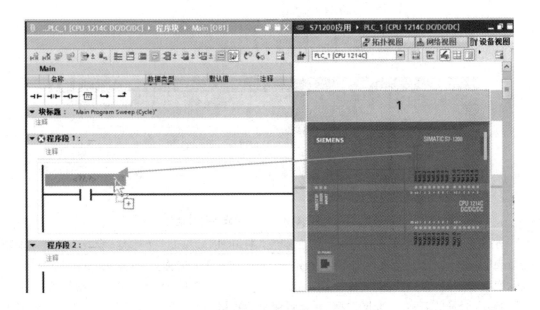

图 2-24　拖曳方式输入指令地址

3）定义变量名

梯形图中自动生成的"Tag_x"（x 为数字）是每个指令的符号地址。在工业控制系统中，使用的I/O点数比较多，为了方便对程序的阅读和调试，通常可以使用方便记忆的符号地址，所以我们会将系统自动生成的"Tag_x"做相应的修改。

方法 1：如图2-25所示，在符号地址处单击鼠标右键，在弹出的选项中选择"重命名变量"，在弹出的对话框中输入新的变量名即可。

方法 2：在项目树中找到"PLC变量"文件夹，点开其前面的下拉三角符号，鼠标双击打开"默认变量表"，如图2-26所示，将各符号地址"Tag_x"修改新的变量名。

图 2-25　单击鼠标右键修改符号地址

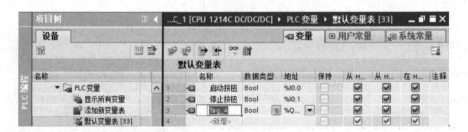

图 2-26　在默认变量表中修改符号地址

方法 3：在编写程序之前先编辑好变量表。打开"PLC 变量"文件夹，鼠标双击"添加新变量表"，在"PLC 变量"文件夹下会生成一个新的变量表，名称为"变量表_1[0]"，其中"0"表示变量表中目前没有变量，鼠标双击"变量表_1[0]"，打开"变量表_1[0]"编辑器，在"名称"列输入变量的名称，"数据类型"列设置变量的数据类型，在"地址"列输入变量的绝对地址，"％"是自动添加的，如图 2-27 所示。重命名变量后的梯形图如图 2-28 所示。

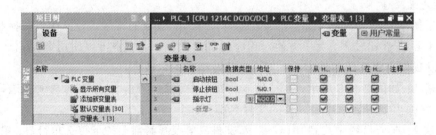

图 2-27　添加新变量表

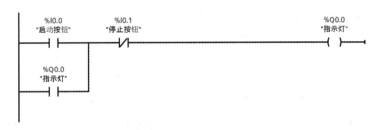

图 2-28　重命名变量后的梯形图

3. 保存项目

单击工具栏中的 保存项目 快捷键，保存程序。

2.2.4　程序编译和下载

1. 程序编译

单击工具栏中的 快捷键，对项目进行编译。编译完成后会在界面底部显示编译完成后的相关信息，如图 2-29 所示。如果程序有语法错误，可以根据提示进行修改。如果在下载之前用户没有对程序进行编译，那么在下载的同时软件会自动对程序完成编译工作。

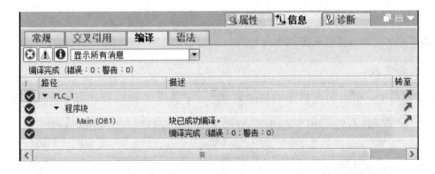

图 2-29　程序编译的结果信息

2. 程序下载

S7-1200 PLC 本体上集成了 PROFINET 通信口，通过该通信口可以实现 CPU 与编程设备之间的通信，

当硬件组态和程序编写工作都完成后，接下来就应该将项目的硬件组态数据和程序下载到 CPU 中了。在下载程序之前应确保 PLC 和计算机已经用网线连接，且 PLC 已经上电。

1）修改计算机 IP 地址

前面我们讲到 S7-1200 系列 PLC 的 CPU 默认 IP 地址为 192.168.0.1，而且一般可以不做修改，但是为了保证与其通信的计算机 IP 地址与 S7-1200 的 IP 地址在同一网段，则需要修改计算机的 IP 地址。修改步骤如下：依次打开"控制面板"→"网络和 Internet"→"网络连接"→"本地连接"，打开本地连接对话框，单击"属性"按钮，在弹出如图 2-30 所示中选择 Internet 协议版本 4(TCP/IPv4)，打开"Internet 协议版本 4(TCP/IPv4)属性"对话框，弹出如图 2-31 所示的界面，选择"使用下面的 IP 地址"，填入与 PLC 的 IP 地址中第 4 组数字不同的地址即可,第 4 组数字的取值范围是 0～255,子网掩码会自动出现"255. 255.255.0",然后单击"确定",关闭"网络连接"对话框,完成 IP 地址的设置。

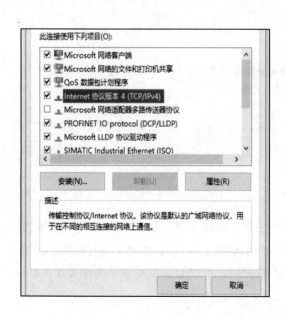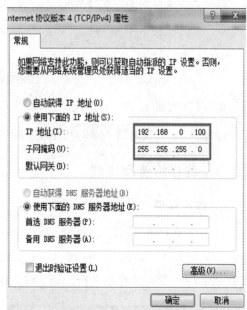

图 2-30 "本地连接属性"对话框   图 2-31 "Internet 协议版本 4(TCP/IPv4)属性"对话框

2) 下载和装载

在项目视图中,单击工具栏中的快捷键 ,弹出如图 2-32 所示的界面。

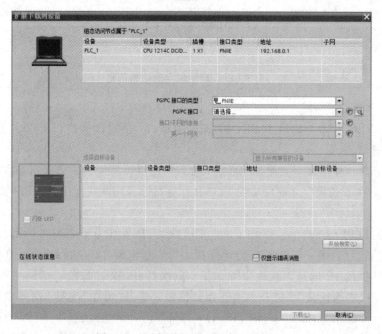

图 2-32 "扩展下载到设备"对话框

设置"PG/PC 接口的类型"为"PN/IE"，设置"PG/PC 接口"，即选择实际使用的网卡型号，不同计算机会有所不同，然后单击"开始搜索"按钮。接下来在目标子网中的兼容设备列表中，会出现网络上的 S7-1200 CPU，然后单击"下载"按钮。在下载成功后便进行装载，装载完成后的界面如图 2-33 所示，再将"无动作"改成"启动模块"，单击"完成"按钮，完成下载。扩展下载完成后 CPU 进入 RUN 模式。

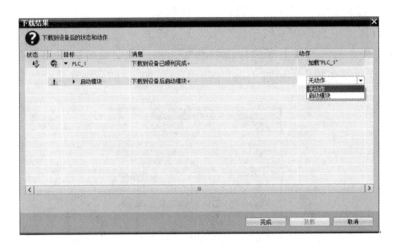

图 2-33　装载完成后的界面

【操作小技巧】　S7-1200 CPU 的下载包括硬件组态数据和用户程序的下载。二者可以单独下载也可以一起下载。如果我们之前已经下载过一次，而后又对硬件的组态或程序进行了一些修改，这时我们可以有选择性地进行第二次下载，如图 2-34 所示。下载操作步骤：在项目树的设备名称"PLC_1"处单击鼠标右键选择"下载到设备"，会看到四个选项，同学们可以根据实际情况来选择。

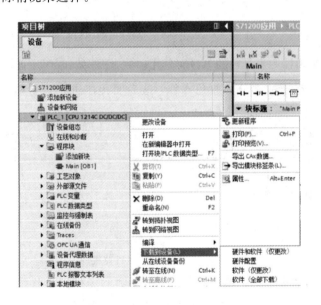

图 2-34　"下载到设备"选项

2.2.5　程序的运行监视

启动对程序运行状态的监视,可以在程序编辑器中形象且直观地监视梯形图程序的执行情况,系统中触点和线圈的运行状态一目了然,即可以监视到程序中操作数的值和程序段的逻辑运算结果(RLO),从而可以查找到用户程序的逻辑错误,也可以在程序监视状态下修改某些变量的值。启动程序运行监视的方法如下:

(1)在项目视图中选择项目树中的"PLC_1",然后单击工具栏的"转至在线"图标按钮 **转至在线**,程序编辑器最上面的标题栏会变为橘红色,项目树中相关条目后面会出现绿色方框加对勾和绿色圆点,如图 2-35 所示,这表明 PLC 处于在线状态。

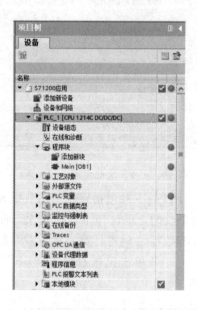

图 2-35　单击"转至在线"后的项目树

(2)单击程序编辑器中工具栏的"启用/禁用监视"图标按钮 ,此时梯形图中连通的部分为绿色实线,没有连通的部分为蓝色虚线,这表明程序进入运行监视状态,如图 2-36 所示。

```
      %I0.0          %I0.1                                    %Q0.0
    "停止按钮"       "启动按钮"                                "指示灯"
      ┤├             ┤/├                                      ┤ ├
      %Q0.0
     "指示灯"
      ┤├
```

图 2-36　程序的运行监视

在程序进入运行监视状态之前,梯形图中的连线和元件因为状态未知,所以全部显示为黑色。当启动程序状态监视之后,梯形图左侧的垂直"电源线"(左母线)和与其相连的水平线均为绿色,这表示有能流从"电源"线流出。

2.3 项 目 实 施

2.3.1　硬件电路设计与搭建

1. 分配 PLC I/O 点

根据本项目的控制要求，PLC 的输入端应该接入的元件有启动按钮 SB0、停止按钮 SB1 和热继电器 FR；PLC 的输出端应该接交流接触器 KM 的线圈。本系统 I/O 分配如表 2 - 1 所示。

表 2 - 1　系统 I/O 分配表

输入/输出类别	元件名称/符号	I/O 地址
输入(3 点)	启动按钮 SB0	I0.0
	停止按钮 SB1	I0.1
	热继电器 FR	I0.2
输出(1 点)	接触器 KM 线圈	Q0.0

2. 绘制硬件电路图

首先要明确，用 PLC 来控制电动机的运行，主电路仍然如图 2 - 1 所示，左侧部分电路不变，用 PLC 改造的是图 2 - 1 右侧控制电路部分。根据表 2 - 1，绘制出实现电动机连续运行的硬件电路图如图 2 - 37 所示。图中输入端的电源是 PLC 模块自身对外提供的直流 24 V 电源，这里也可以选用外部直流 24 V 电源。

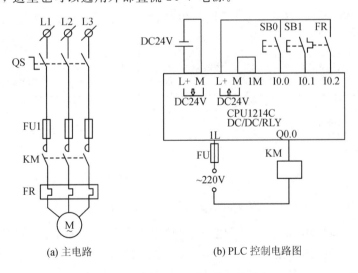

(a) 主电路　　　　　　　　　　(b) PLC 控制电路图

图 2 - 37　PLC 控制传送带连续运行

3. 搭建硬件电路

根据图 2 - 37 所示搭建系统硬件电路。

2.3.2　控制程序设计

本项目的 PLC 控制程序我们仍然采用移植设计法来设计。继电器/接触器实现电动机连续运行控制电路如图 2-38 所示,将该控制电路"翻译"成梯形图程序,过程如下:

(1) 在图 2-37 的图(b)控制电路中我们可以看到,热继电器 FR 的常闭触头与 PLC 的 I0.2 端子相连,由于在图 2-38 中使用的是热继电器 FR 的常闭触头,因此在梯形图中我们用 I0.2 的常闭触点替代了热继电器 FR 的常闭触头。

(2) 停止按钮 SB1 的常开触头与 PLC 的 I0.1 端子相连,由于在图 2-38 中使用的是停止按钮 SB1 的常闭触头,因此梯形图中用 I0.1 的常开触点替代了停止按钮 SB1 的常开触头。

(3) 启动按钮 SB0 的常开触头与 PLC 的 I0.0 端子相连,由于在图 2-38 中使用的是启动按钮 SB0 的常开触头,因此梯形图中用 I0.0 的常开触点替代了启动按钮 SB0 的常开触头。

(4) 交流接触器 KM 的线圈与 PLC 的 Q0.0 端子相连,则梯形图中用 Q0.0 的线圈替代了交流接触器 KM 的线圈。

(5) 在图 2-38 中,与启动按钮 SB0 串联的交流接触器 KM 的常开触头起到了"自锁"的作用,因此在梯形图中,I0.0 常开触点两端也并上 Q0.0 的常开触点,同样也起到了"自锁"的作用。

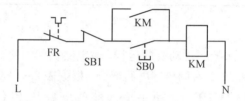

图 2-38　传送带连续运行控制电路

将梯形图中各元件的顺序按照梯形图的编写规则(见本书 3.2.5 小节)进行调整,得到的 PLC 控制程序如图 2-39 所示。

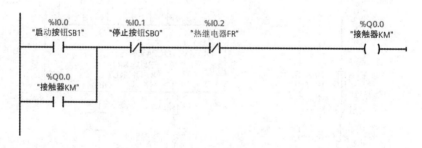

图 2-39　传送带连续运行控制梯形图

该梯形图程序联合图 2-37 所示电路,便可以实现驱动传送带电动机的连续运行控制。控制过程为:当按下启动按钮 SB0,梯形图程序中的 I0.0 的常开触点就会接通,Q0.0 线圈得电,则 Q0.0 的常开触点接通形成"自锁",同时图 2-37 中控制电路里的交流接触器 KM 线圈得电,图 2-37 中主电路里的 KM 主触头闭合,接通三相异步电动机的电源,电动机得电启动运行;按下停止按钮 SB1,梯形图中的 I0.1 的常闭触点断开,Q0.0 的线圈失电,则图 2-38 中控制电路里的交流接触器 KM 线圈失电,图 2-37 中主电路里的 KM 主触头断开，切断三相异步电动机的电源，则电动机停止运行。

2.3.3　系统运行与调试

1．PLC 硬件组态

1）创建新项目

打开博途平台，创建新项目，项目命名为"传送带的连续运行控制"，并保存项目。

2）添加 CPU 模块

在项目视图的项目树设备栏中，双击"添加新设备"，添加模块 CPU1214C DC/DC/RLY。CPU 型号及固件版本应该与实际使用的 CPU 模块一致，如图 2 - 40 所示。这里也可以采用直接"获取"的方式添加 CPU 模块。查看实际使用的 CPU 模块，将其相关信息填写在表 2 - 2 中。

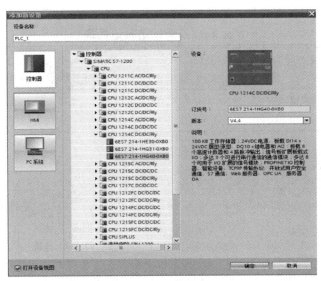

图 2 - 40　添加新设备

表 2 - 2　S7-1200 CPU 模块信息

CPU 型号	订货号	固件版本	I/O 点数	DI 地址	DO 地址

2．编辑变量表

按图 2 - 41 所示编辑本项目的变量表。

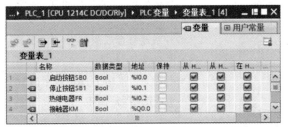

图 2 - 41　传送带连续运行控制 PLC 变量表

3. 录入程序

在项目视图左侧的项目树中,展开"PLC_1"→"程序块",双击 Main【OB1】,打开主程序块 OB1。在打开的程序编辑器窗口中录入图 2-39 所示的梯形图。具体录入程序的方法可以参考本项目的 2.2.3 小节中的相关内容。

4. 编译与下载

单击工具栏中的 　 快捷键,对项目进行编译。编译通过后进行程序下载,在项目视图中,单击工具栏中的快捷键 　 (下载到设备)进行程序下载。

5. 系统调试及结果记录

单击程序编辑器中工具栏中的"启用/禁用监视"图标按钮 　 ,进入程序运行监视状态。根据表 2-3 中的步骤操作,并将调试的相关结果记录在表中。

表 2-3　调试结果记录表

步骤	操　作	Q0.0 (得电/失电)	接触器 KM 线圈 (得电/失电)	电机状态 (运行/停止)
1	按下启动按钮 SB0			
2	按下停止按钮 SB1			

2.3.4　考核评价

内容	评分点	配分	评价标准	自评	互评	师评
硬件电路搭建 40 分	布线工艺	20	能按控制要求合理布线,且能考虑最优的接线方案,达到节约用线。符合要求得 10 分。否则酌情扣分			
	接线头工艺	15	连接的所有导线,必须压接接线头,不合要求扣 1 分/处;同一接线端子超过两个线头、露铜超 2 mm,扣 1 分/处;符合要求得 15 分			
	整体美观	5	根据工艺连线的整体美观度酌情给分,所有接线工整美观,得 5 分			
系统功能调试 40 分	电机启动运行	20	实现按下启动按钮 SB0,电动机启动运行,得 20 分			
	电机停止	20	实现按下停止按钮 SB1,电动机停止,得 20 分			
职业素养 20 分	工具摆放	10	工具和器件摆放符合规范得 10 分,工具摆放杂乱,影响操作,扣 2 分/个			
	操作规范	10	操作符合规范,未损坏工具和器件得 10 分,操作不当,造成器件损坏,扣 5 分/个			
	创新加分	5				
得　分						

2.4　知识延伸——PLC 程序的上传

工程师小李负责某 PLC 控制系统的程序设计，在博途平台里完成了该控制程序录入，在下载成功后，但他不小心把电脑里的源程序弄丢了，请问你有办法快速地帮他找回源程序吗？其实方法很简单，我们只要再把程序从 PLC 模块上传到计算机中即可。具体操作步骤如下：

（1）用网线连接 PLC 和编程用的计算机，然后给 PLC 上电。

（2）创建一个新项目。打开博途平台，创建新项目，项目命名为"S7-1200 的上传"，如图 2-42 所示。单击"项目视图"按钮，视图切换至项目视图。

图 2-42　新建项目"S7-1200 的上传"

（3）在项目视图中，选中项目树中的项目"S7-1200 的上传"，然后单击菜单栏中的"在线"，在展开的命令条中选择"将设备作为新站上传（硬件和软件）"，如图 2-43 所示。系统

图 2-43　选择"将设备作为新站上传（硬件和软件）"命令

会弹出如图 2-44 所示的界面。

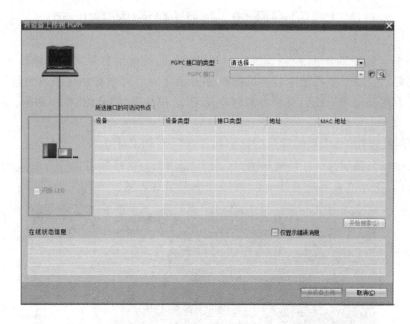

图 2-44　设置"PG/PC 接口的类型"和"PG/PC 接口"界面

　　选择"PG/PC 接口的类型"为"PN/IE","PG/PC 接口"选择对应的计算机网卡的型号,不同计算机网卡的型号会有所不同,然后单击"开始搜索"按钮。当搜索到连接的 PLC 后,单击"从设备上传",如图 2-45 所示。随后在设备视图窗口便可以看到上传的 CPU 模块。在程序编辑器里也可以看到已经上传到 PLC 中的程序。

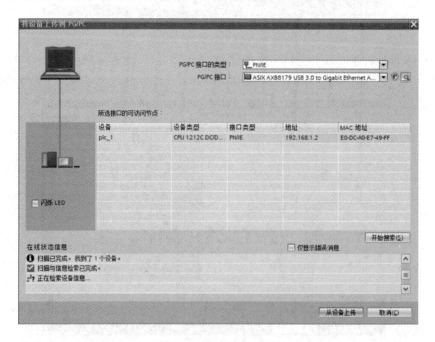

图 2-45　"从设备上传"界面

2.5　拓展训练——博途平台的安装

博途平台目前已经发行的版本有 V14、V15、V16 和 V17 等，每个更新的版本都会增加一些新的功能，同时对计算机的配置要求也会提高。本书使用博途平台 V16 版本。

1. TIA 博途(Protal)平台的安装环境

对电脑硬件的一般要求：处理器要求 Intel Core i5-6440EQ 3.4GHz 或者更高版本，内存保证 16 GB 及以上，硬盘要求固态硬盘，系统驱动器 C 盘至少配备 50 GB 的存储空间；图形分辨率最小 1920×1080；操作系统版本推荐 Windows 7(64 位)操作系统及以上。

2. 安装注意事项

(1) 平台安装前一定要关闭类似 360 的杀毒软件、防火墙软件、防木马软件和系统优化软件。

(2) 安装软件之前先删除文件 pending File Rename Operations。方法 1：在电脑的左下角如图 2-46 所示的位置输入"regedit"打开注册表编辑器；方法 2：在 windows 系统下，按下组合键 WIN+R，输入"regedit"，打开注册表编辑器。按此目录 HKEY_LOCAL_MACHINE\SYSTEM\ControlSet001\Control\Session Manager 找到要删除的文件 pending File Rename Operations，如图 2-47 所示。

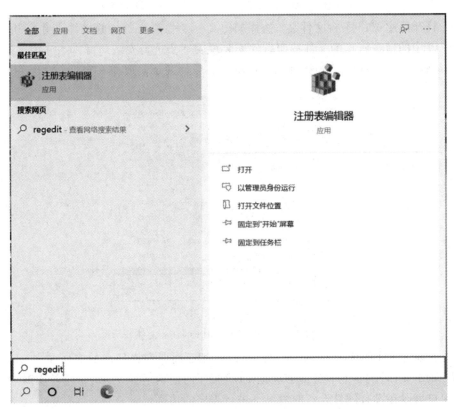

图 2-46　打开注册表编辑器

图 2-47　删除文件 pending File Rename Operations

（3）打开博途 V16 平台文件夹，选择如图 2-48 中箭头所指的文件夹并打开，然后双击图 2-49 中的箭头所指的文件按照软件安装说明逐步进行安装即可。（注：博途 V16 平台将 PLC 编程软件＋WINCC 触摸屏和上位机组态软件两个集成在一起）

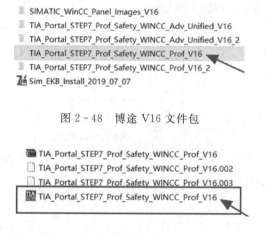

图 2-48　博途 V16 文件包

　　TIA_Portal_STEP7_Prof_Safety_WINCC_Prof_V16
　　TIA_Portal_STEP7_Prof_Safety_WINCC_Prof_V16.002
　　TIA_Portal_STEP7_Prof_Safety_WINCC_Prof_V16.003
　　TIA_Portal_STEP7_Prof_Safety_WINCC_Prof_V16

图 2-49　ETEP7 Professional 文件

（4）安装完 STEP7 Professional 软件之后，一般还需要安装 PLC 的仿真软件 SIMATIC S7 PLCSIM V16，PLC 的仿真软件能够验证 PLC 程序的逻辑运算，这对于学习 PLC 有极大的好处，用户可以在没有硬件设备的情况下进行程序的仿真调试。

项目 3　传送带正反转控制

知识目标

（1）理解数制中的二进制、十六进制、BCD 码和十进制以及各数制之间的转换；
（2）理解各种数据的类型；
（3）掌握 S7-1200 PLC 各存储区的作用；
（4）掌握 S7-1200 PLC 的触点和线圈指令；
（5）理解"互锁"的概念以及实现梯形图中的"互锁"；
（6）掌握梯形图的编程规则。

技能目标

（1）学会用"启-保-停"电路梯形图编写控制程序；
（2）熟练运行博途平台完成硬件的组态和程序录入、编译、下载和调试；
（3）能够完成传送带正反转控制系统的硬件接线和软硬件的调试。

3.1　项目描述

某物流公司的货物出入库工作都是依靠人力搬运，为了节约成本，考虑使用一条传送带替代人力搬运，既可以实现货物的入库运输，也可以实现货物的出库运输。如果用一台三相异步电动机驱动该传送带，并通过控制该三相异步电动机的正转和反转，便可以实现货物入库和出库的运输工作。

已知控制台安装了三个按钮，分别控制电动机的正转启动、反转启动和电动机停止。具体控制要求是当按下正转启动按钮 SB0 时，电动机正转，驱动传送带运送货物入库；按下停止按钮 SB2 时，电动机停止工作；当按下反转启动按钮 SB1 时，电动机反转，驱动传送带运送货物出库，按下停止按钮 SB2 时，电动机停止工作。同时要求本系统具有过载保护功能。

那么如何才能使用于驱动传送带的三相异步电动机实现正反转呢？我们知道三相异步电动机的旋转方向取决于三相电源接入定子绕组的相序，故只要改变三相电源与定子绕组连接的相序即可改变电动机的旋转方向。图 3-1 为传送带正反转控制电路图。电路控制过程为当按下正转启动按钮 SB0，交流接触器 KM1 的线圈得电，其常开辅助触点闭合，形成自锁，同时接在主电路中 KM1 的主触点闭合，电动机得电正转，按下停止按钮 SB2，电动机停止运行；按下反转启动按钮 SB1，交流接触器 KM2 的线圈得电，其常开辅助触点闭合，形成自锁，同时接在主电路中 KM2 的主触点闭合，电动机得电反转，按下停止按钮 SB2，电动机停止运行，即实现了电动机的"正-停-反-停"的控制。电路图中热继电器 FR 起到了过载保护作用。本项目中我们将讨论如何用 PLC 来实现电动机的控制。

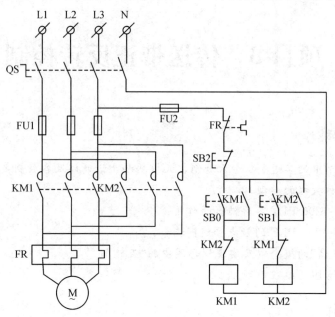

图 3-1　传送带正反转控制电路图

3.2　知 识 链 接

3.2.1　数制

　　PLC 是一种特殊的工业控制用计算机,它只能处理二进制数据,即 0 和 1,但我们在编写 PLC 控制程序时往往还会用到十进制、十六进制数和 BCD 码。因此,了解各种数制及其之间的转换是必要的。

1. 二进制数

　　二进制数的 1 位(bit)只能取 0 或 1 这两个不同的值,可以用来表示开关量(也称数字量)的两种不同状态,如触点的断开和接通、线圈的得电和失电、灯的亮和灭等。常用的二进制位数有 8 位、16 位和 32 位。在西门子 PLC 中,二进制数的表示方法是在数值前面加前缀 2#。例如,一个 8 位的二进制常数可以表示为 2#10010001。

2. 十六进制数

　　用二进制表示一个常数时位数太多,书写和阅读都很不方便。如果用十六进制数来表示就方便多了。十六进制数的 16 个数码是 0～9 和 A～F(对应于十进制数 0～15)。每 4 位二进制数可以用 1 位十六进制数来表示,其对应关系见表 3-1。

3. BCD 码

　　BCD 码是用 4 位二进制数表示 1 位十进制数的数值表示方法。BCD 码只用到了前十个4 位二进制数的组合,即 0000～1001(对应十进制数 0～9)。BCD 码与其他数制之间的转换见表 3-1。

表 3 - 1　不同进制数的表示方法

十进制数	十六进制数	二进制数	BCD 码	十进制数	十六进制数	二进制数	BCD 码
0	0	0000	00000000	8	8	1000	00001000
1	1	0001	00000001	9	9	1001	00001001
2	2	0010	00000010	10	A	1010	00010000
3	3	0011	00000011	11	B	1011	00010001
4	4	0100	00000100	12	C	1100	00010010
5	5	0101	00000101	13	D	1101	00010011
6	6	0110	00000110	14	E	1110	00010100
7	7	0111	00000111	15	F	1111	00010101

3.2.2　S7-1200 PLC 支持的数据类型

数据类型用来描述数据的长度（即二进制的位数）和属性。TIA 博途中的数据分为三大类：基本数据类型、复合数据类型和其他数据类型。其中，基本数据类型最常用，包括位数据类型、整数数据类型、实数数据类型、字符数据类型、定时器数据类型及日期和时间数据类型。每个基本数据类型具有固定的长度且不超过 64 位。本节只介绍基本数据类型。

S7-1200 PLC 中每个指令参数至少支持一种数据类型，有些参数支持多种数据类型。在 TIA 博途的项目视图的程序编辑中，将鼠标的光标停在用户程序中某条指令的参数域上方，在出现的黄色背景的小方框中便可以看到该参数支持的数据类型，如图 3-2 所示。

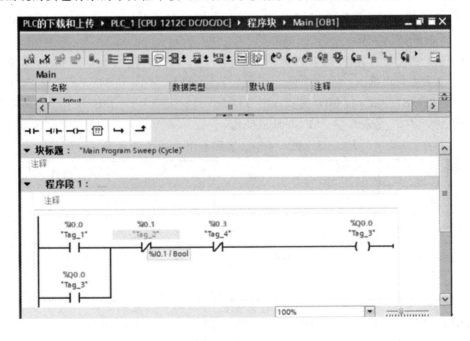

图 3-2　查看指令参数支持的数据类型

1. 位数据类型

S7-1200 PLC 支持的位数据类型包括布尔型(Bool)、字节型(Byte)、字型(Word)和双字型(Dword),其属性如表 3-2 所示。

表 3-2　S7-1200 PLC 支持的位数据类型

位数据类型	符号	长度/位	取值范围/格式
位	Bool	1	TRUE, FALSE(1 或 0)
字节	Byte	8	B#16#00~B#16#FF
字	Word	16	W#16#0000~W#16#FFFF
双字	DWord	32	DW#16#00000000~DW#16#FFFFFFFF

【注意】 在西门子 PLC 中 B#16#、W#16# 和 DW#16# 分别用来表示十六进制字节、字和双字常数。

(1) 布尔型(Bool)。Bool 变量的长度为 1 位二进制数,取值 1 或 0,用英语单词 TRUE(真)和 FALSE (假)来表示。

(2) 字节型(Byte)。8 位二进制数组成 1 个字节,如 I1.0~I1.7 组成了输入字节 IB1(B 是 Byte 的缩写)。

(3) 字型(Word)。相邻的两个字节组成一个字,如字 MW100 由字节 MB100(高字节)和 MB101(低字节)组成,MW100 中的 M 为区域标识符,W 表示字。

(4) 双字型(Dword)。两个字(或 4 个字节)组成 1 个双字,双字 MD100 由字 MW100 和 MW102 组成,D 表示双字,100 为组成双字的起始字节 MB100 的编号。MB100 是双字 MD100 中的最高位字节。

表 3-3 中以 M 存储区(PLC 内部系统存储区之一)为例列出了位、字节、字和双字之间的关系。从表中可以看出,MD0 中包含了两个字,分别为 MW0 和 MW2,而 MW0 又由两个字节 MB0 和 MB1 组成,且 MB0 是其高字节,MB1 是它的低字节,MB0 又由 M0.7~M0.0 共 8 个位组成,M0.7 是最高位,M0.0 是最低位。

表 3-3　位、字节、字和双字之间的关系表

位数据类型	高位 ◄────		────► 低位	
位	M0.7~M0.0	M1.7~M1.0	M2.7~M2.0	M3.7~M3.0
字节(8 位)	MB0	MB1	MB2	MB3
字(16 位)	MW0		MW2	
双字(32 位)	MD0			

【例 3-1】 已知 MW2=16#6C2B,MB2、MB3 和 M2.2 分别是多少?

分析: 由表 3-3 所示可知,MW2 中的两个字节分别为 MB2 和 MB3,其中 MB2 为高字节,MB3 为低字节,所以 MB2=16#6C,MB3=16#2B。再通过查表 3-1,将 MB2 中

的值转换成二进制数，MB2＝2♯01101100，而 M2.0 是 MB2 中的最低位，即第 0 位，则 M2.2 便是第 2 位，M2.2＝1。

2. 整数数据类型

（1）USInt（无符号 8 位整数）和 SInt（有符号 8 位整数）可以是有符号或无符号的"短"整型（内存为 8 位或 1 个字节）。

（2）UInt（无符号 16 位整数）和 Int（有符号 16 位整数）可以是有符号或无符号的整型（内存为 16 位或 1 个字节）。

（3）UDInt（无符号 32 位整数）和 DInt（有符号 32 位整数）可以是有符号或无符号的双整型（内存为 32 位或 1 个双字节）。

整数数据类型属性如表 3－4 所示。

表 3－4　S7-1200 PLC 支持的整数数据类型

整数数据类型	符号	长度/位	取值范围/格式
有符号 8 位整数	SInt	8	−128～127
无符号 8 位整数	USInt	8	0～255
有符号 16 位整数	Int	16	−32 768～32 767
无符号 16 位整数	Ulnt	16	0～65 535
有符号 32 位整数	DInt	32	−2 147 483 648～2 147 483 647
无符号 32 位整数	UDInt	32	0～4 294 967 295

3. 实数数据类型

实数数据类型有实数（Real）和长实数（LReal），如表 3－5 所示。

（1）Real 是 32 位实数或浮点数。32 位的实数（Real）又称浮点数，浮点数有正负且带小数点。最高位（第 31 位）为浮点数的符号位，正数时为 0，负数时为 1。浮点数的优点是用很小的存储空间（4B）可以表示非常大或非常小的数。PLC 输入和输出的数值大多是整数，用浮点数来处理这些数据需要进行整数和浮点数之间的相互转换，浮点数的运算速度比整数的运算速度慢一些。在编程软件中，用十进制小数来输入或显示浮点数，如 10 是整数，而 10.0 为浮点数，表示格式为 Real♯10.0

（2）LReal 是 64 位实数或浮点值。LReal 为 64 位的双精度浮点数，它只能在设置了仅使用符号寻址的块中使用。LReal 的最高位（第 63 位）为浮点数的符号位，11 位指数占第 52～62 位。尾数的整数部分总为 1，第 0～51 位为尾数的小数部分。

表 3－5　实数数据类型

实数数据类型	符号	长度/位	取值范围
实数	Real	32	$\pm 1.175\ 495e-38 \sim \pm 3.402\ 823e+38$
长实数	LReal	64	$\pm 2.225\ 073\ 858\ 507\ 201\ 4e-308 \sim \pm 1.797\ 693\ 134\ 862\ 315\ 8e+308$

4. 日期和时间数据类型

(1) Date 是 16 位无符号整数,包含自 1990 年 1 月 1 日开始算起的天数的 16 位日期值。最大日期值是 65 378 (16♯FF62),该值与 2168 年 12 月 31 日相对应。取值范围及格式为 D♯1990-01-01～D♯2168-12-31。

(2) TOD(Time_Of_Day 日时钟)该数据类型占用 1 个双字,从指定日期的 0 时算起的毫秒数(从 0 到 86 399 999)为无符号整数。

(3) Time 用于数据长度为 32 位的 IEC 定时器,表示信息包括天(d)、小时(h)、分钟(m)、秒(s)和毫秒(ms)。取值范围及格式为 T♯−24d20h31m23s648ms～T♯+24d20h31m23s647ms。

(4) DTL(日期和时间长度)操作数长度为 12 个字节,是将有关日期和时间信息保存在预定义结构中。

- 年 (UInt):1970～2554。
- 月 (USInt):1～12。
- 日 (USInt):1～31。
- 工作日 (USInt):1(星期日)～7(星期六)。
- 小时 (USInt):0～23。
- 分 (USInt):0～59。
- 秒 (USInt):0～59。
- 纳秒 (UDInt):0～999 999 999。

取值范围及格式为 DTL♯1970-01-01-00:00:00.0～DTL♯2200-12-31-23:59:59.999999999。

5. 字符数据类型

字符数据类型有 Char 和 Wchar。Char 的操作数长度为 8 位,占用一个字节(Byte)的内存。Char 数据类型以 ASCII 编码形式存储单个字符。Wchar 的操作数长度为 16 位,占用两个字节(Byte)的内存。

3.2.3 S7-1200 PLC 的存储区

S7-1200 PLC 的存储区由装载存储器、工作存储器和系统存储器组成。装载存储器相当于计算机的硬盘,工作存储器相当于计算机的内存。当 CPU 断电时,工作存储器中的内容将会丢失。

1. 装载存储器

装载存储器是非易失性的存储器,用于保存用户程序、数据和组态信息。当下载程序时,用户程序保存在装载存储器中。

2. 工作存储器

工作存储器集成在 CPU 中的高速存取 RAM 中,为了提高运行速度,CPU 将用户程序中与程序执行有关的部分,如组织块、功能块、功能和数据块从装载存储器复制到工作存储器。

3. 系统存储器

系统存储器是 CPU 为用户提供的存储组件，用于存储用户程序的操作数据，如过程映像输入/输出、位存储、定时器、计数器、块堆栈和诊断缓冲区等。

1）过程映像输入区（I）

过程映像输入区在用户程序中的标识符为 I，与 PLC 的输入端子对应。过程映像输入区是 PLC 专门用于接收外部开关信号的元件。

在每次扫描周期开始，CPU 对物理输入点进行采样，并将采样值写入过程映像输入区中。可以按位、字节、字和双字来存取过程映像输入区中的数据。

位格式为 I[字节地址].[位地址]，如 I0.0。

字节、字和双字格式为 I[长度][起始地址]，如 IB0（字节）、IW0（字）和 ID0（双字）。

2）过程映像输出区（Q）

过程映像输出区在用户程序中的标识符为 Q，与 PLC 的输出端子对应。过程映像输出区是用来将 PLC 内部信号输出给外部负载。

在每次扫描周期的结尾，CPU 将过程映像输出区中的数值复制到物理输出点上，可以按位、字节、字和双字来存取过程映像输出区中的数据。格式如 Q0.0（位）、QB0（字节）、QW0（字）和 QD0（双字）。

3）标识位存储区（M 存储器）

标识位存储区如同继电接触控制系统中的中间继电器。标识位存储区用来存储运算的中间操作状态或其他控制信息。在 PLC 中没有输入/输出端与之对应，因此标识位存储区的线圈不直接受输入信号的控制，其触点不能驱动外部负载。可以按位、字节、字和双字来存取位存储区中的数据。格式如 M10.0（位）、MB10（字节）、MW10（字）和 MD10（双字）。在梯形图中，可以无限次使用标识位存储区的常开触点和常闭触点。

4）数据块存储区（DB 块）

数据块（DB）用于保存在程序执行期间写入的值，它可以存储在装载存储器、工作存储器以及系统存储器中。共享数据块和函数块 FB 的背景数据块的标识符均为"DB"。数据块的大小与 CPU 的型号有关，数据块默认为掉电保持，无须额外再进行设置。

数据块分为全局数据块和背景数据块两种类型。

全局数据块不能分配给代码块，可以从任何代码块访问全局数据块的值。全局数据块仅包含静态变量。全局数据块的结构可以由用户任意定义，但必须先定义后才能使用，可读/写。DBX、DBB、DBW、DBD 分别表示数据块的位、字节、字、双字，格式如 DB1.DBX0.0（位），DB1.DBB2（字节）、DB2.DBW4（字）和 DB3.DBD10（双字）。

背景数据块可直接分配给函数块（FB）。背景数据块的结构不能任意定义，这取决于函数块的接口声明。背景数据块只包含在该处已声明的那些块参数和变量。

3.2.4　S7-1200 PLC 的触点和线圈指令

S7-1200 PLC 的基本指令包括位逻辑运算指令、定时器操作指令、计数器操作指令、比较指令等总共 10 类指令，其中位逻辑运算指令共有 19 条，如表 3 - 6 所示。

表 3-6　位逻辑运算指令

指令梯形图符号	指令功能描述	指令梯形图符号	指令功能描述
─┤├─	常开触点	R SR Q S1	置位优先(RS)触发器
─┤/├─	常闭触点		
─┤ NOT ├─	取反 RLO		
─( )─	线圈	S SR Q R1	复位优先(SR)触发器
─(/)─	取反线圈		
─┤P├─	扫描操作数的信号上升沿	P_TRIG CLK Q	扫描 RLO 的信号上升沿
─┤N├─	扫描操作数的信号下降沿	N_TRIG CLK Q	扫描 RLO 的信号下降沿
─(S)─	置位输出	R_TRIG EN ENO CLK Q	检查信号上升沿
─(R)─	复位输出		
─(P)─	在信号上升沿置位操作数		
─(N)─	在信号下降沿置位操作数	F_TRIG EN ENO CLK Q	检查信号下降沿
─┤ SET_BF ├─	置位位域		
─(RESET_BF)─	复位位域		

1. 常开触点与常闭触点指令

常开触点和常闭触点指令梯形图符号如图 3-3(a)、(b)所示。

常开触点在操作数信号状态为 1 时闭合,为 0 时断开;常闭触点在操作数信号状态为 0 时闭合,为 1 时断开。两个触点串联将进行"与(AND)"运算,两个触点并联将进行"或(OR)"运算。

2. 取反触点指令

取反触点指令梯形图符号如图 3-3(c)所示。使用"取反触点"指令,可对逻辑运算结果(RLO)的信号状态进行取反。如该指令输入的信号状态为"1",则指令输出的信号状态为"0";如该指令输入的信号状态为"0",则输出的信号状态为"1"。

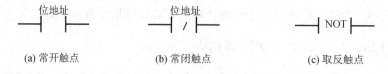

(a) 常开触点　　　　　(b) 常闭触点　　　　　(c) 取反触点

图 3-3　触点指令梯形图符号

3. 输出线圈指令

输出线圈指令的梯形图符号如图 3-4(a)所示。

线圈是将输入的逻辑运算结果(RLO)的信号状态写入指定的地址,如果有能流通过输出线圈,则输出寄存器设置为 1,即线圈得电;如果没有能流通过输出线圈,则输出寄存器设置为 0,即线圈失电。

4. 取反输出线圈指令

取反输出线圈指令的梯形图符号如图 3-4(b)所示。

如果有能流通过取反输出线圈,则输出寄存器设置为 0;如果没有能流通过取反输出线圈,则输出寄存器设置为 1。

(a) 输出线圈　　　　　　　(b) 取反线圈

图 3-4　线圈指令梯形图符号

下面通过例题来说明触点和线圈指令的应用。

【例 3-2】　如图 3-5 所示的梯形图,输出寄存器 Q0.0 线圈得电的条件是什么?

分析: 在梯形图中,I0.0 和 I0.1 的常开触点属于串联连接,只有当 I0.0 和 I0.1 的常开触点都闭合(为 1)时,Q0.0 线圈才会得电(为 1)。如果其中任何一个触点处于断开状态(为 0),则 Q0.0 线圈均为失电(为 0),即 Q0.0 线圈是否得电取决于 I0.0 和 I0.1 常开触点状态"与"关系的结果。真值表见表 3-7 所示。

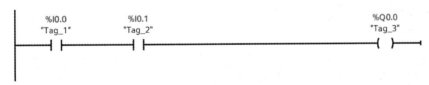

图 3-5　触点串联梯形图

表 3-7　例 3-2 真值表

条　件		结　果
I0.0	I0.1	Q0.0
0	0	0(失电)
	1	
1	0	
1	1	1(得电)

【例 3-3】　如图 3-6 所示的梯形图,输出寄存器 Q0.0 线圈得电的条件是什么?

分析: 在梯形图中,I0.0 和 I0.1 的常开触点属于并联连接,当 I0.0 和 I0.1 的常开触

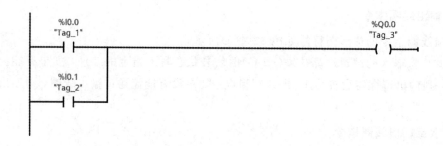

图 3-6　触点并联梯形图

点中任意一个闭合或两个触点都闭合时，Q0.0 线圈均会得电，即 Q0.0 线圈是否得电取决于 I0.0 和 I0.1 常开触点状态"或"关系的结果。真值表见表 3-8 所示。

表 3-8　例 3-3 真值表

条　件		结　果
I0.0	I0.1	Q0.0
0	0	0(失电)
0	1	1(得电)
1	0	
1	1	

【例 3-4】　如图 3-7 所示的梯形图，输出寄存器 Q0.0 设置为 1 的条件和 Q0.1 设置为 0 的条件分别是什么？

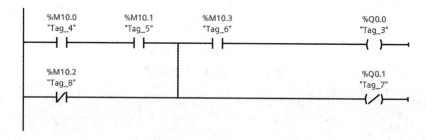

图 3-7　例 3-4 梯形图

分析： 输出寄存器 Q0.0 设置为 1 的条件是有能流通过。因此，只需满足下面①②条件中任何一个条件即可：① 常开触点 M10.0、M10.1 和 M10.3 的信号状态都为"1"，即都闭合，则能流流向线圈 Q0.0；② 常闭触点 M10.2 的信号状态为"0"(闭合)和常开触点 M10.3 的信号状态为"1"(闭合)，则能流流向线圈 Q0.0。

图中 Q0.1 为取反输出线圈，其设置为 0 的条件是有能流通过。因此，只需满足下面①②条件中任何一个条件即可：① 常开触点 M10.0 和 M10.1 的信号状态都为"1"，即都闭合；② 常闭触点 M10.2 的信号状态为"0"(闭合)。真值表见表 3-9。

表 3 - 9　例 3 - 4 真值表

条 件				结　果
M10.0	M10.1	M10.2	M10.3	
1	1	—	1	Q0.0＝1
—	—	0	1	（有能流流过）
1	1	—	—	Q0.1＝0
—	—	0	—	（有能流流过）

【例 3 - 5】　已知某个控制系统要求实现"自动"和"手动"两种运行模式，选择 CPU1214C PLC 为控制器，试编写梯形图程序实现转换开关 K 设为"手动挡"时，手动运行指示灯 L1 亮，设为"自动挡"时，自动运行指示灯 L2 亮。

分析：PLC 输入端 I0.0 外接手动/自动转换开关 K，输出端 Q0.0 和 Q0.1 分别外接手动运行指示灯 L1 和自动运行指示灯 L2，梯形图程序如图 3 - 8 所示。当 I0.0 为 1 时，Q0.0 为 1，手动指示灯 L1 亮；当 I0.0 为 0 时，Q0.1 为 1，自动指示灯 L2 亮。

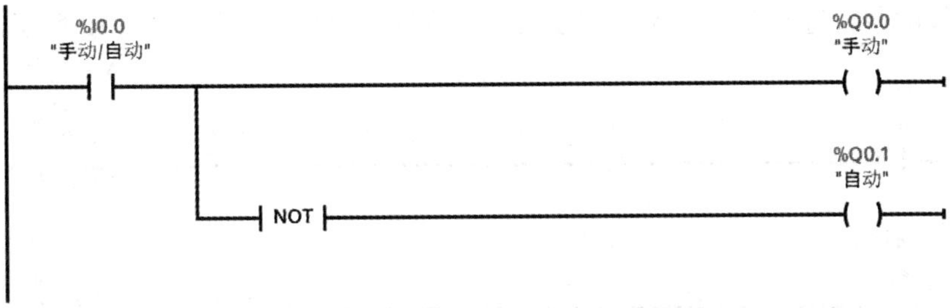

图 3 - 8　例 3 - 5 梯形图

3.2.5　梯形图的编程规则

PLC 梯形图的设计必须以满足项目的控制要求为前提，它与继电器控制电路图在结构形式、元件符号和逻辑控制功能等方面极其相似，在绘制梯形图时还需遵循以下编程规则。

（1）梯形图程序应该按"自上而下，从左到右"的顺序编写。与每个输出线圈相连的全部支路形成一个逻辑行，它们形成一组逻辑关系，控制一个动作。每一逻辑行开始于左母线（梯形图左边的垂直线），然后是触点的连接，终止于线圈或右母线（梯形图左边的垂直线），但右母线通常不画出。

（2）输出线圈不能直接与左母线相连，二者之间一定要有触点，如图 3 - 9 所示。

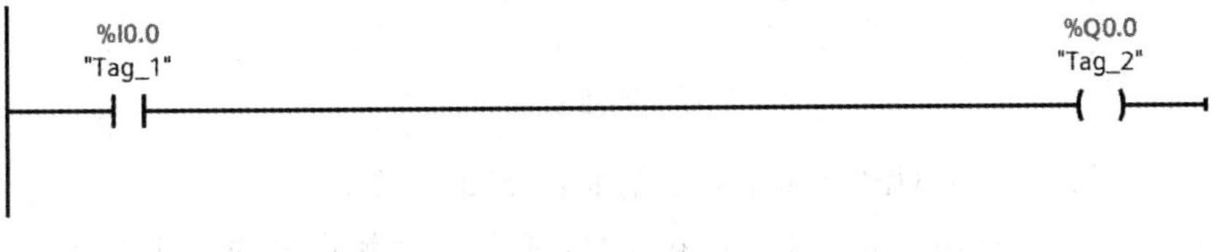

图 3 - 9　左母线、触点与线圈的位置

（3）梯形图中的不同触点可以任意串联或并联，多个继电器线圈可以并联，但不能串联，如图 3-10 所示。

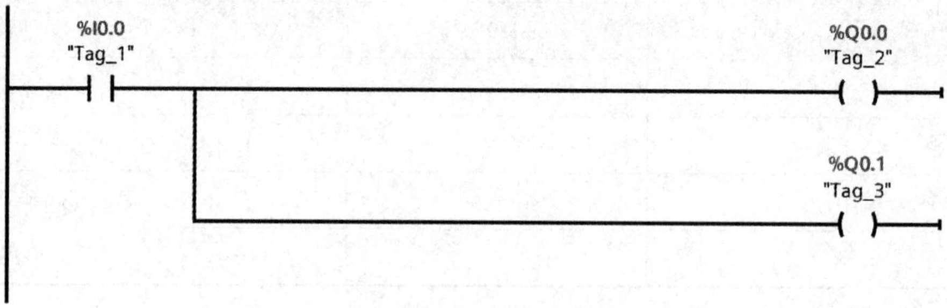

图 3-10　继电器线圈并联

（4）触点的使用次数不受限制。梯形图在不同网络中，同一个触点可以多次出现。

（5）避免双线圈输出。在程序中，如果同一线圈使用了两次或两次以上则称为"双线圈输出"。对于"双线圈输出"，PLC 则将前面的输出视为无效，只有最后一次输出有效。在图 3-11 所示的程序中，线圈 Q0.0 被使用了两次，PLC 工作过程是从上而下扫描用户程序的，则当 M10.0＝1，M10.1＝0 时，Q0.0 线圈是后一个状态，即处于失电状态。可以把控制 Q0.0 线圈的条件进行并联来实现控制要求，改进后的梯形图如图 3-12 所示。

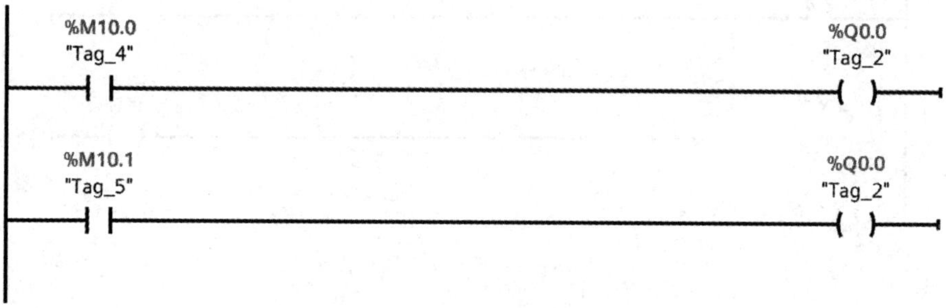

图 3-11　双线圈输出

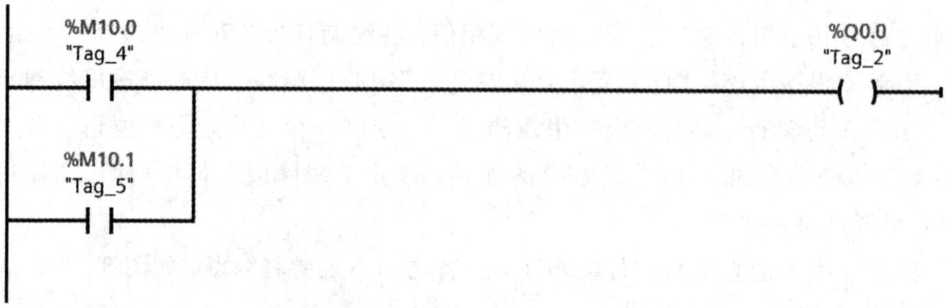

图 3-12　改进后的梯形图

（6）梯形图的编写要遵循"上重下轻、左重右轻"的原则。

① 在每一个逻辑行中，当多条支路并联时，应将串联触点多的支路放在上方，即遵循"上重下轻"的原则，如图 3-13 所示。

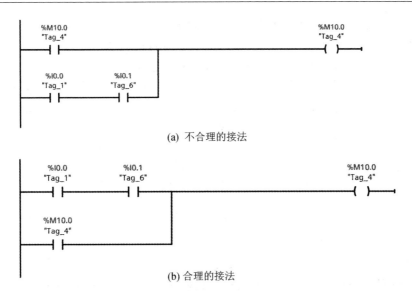

(a) 不合理的接法

(b) 合理的接法

图 3-13　"上重下轻"的原则

② 在每一个逻辑行中，当多个并联电路相串联时，应将并联触点多的电路靠近左母线，即遵循"左重右轻"的原则，如图 3-14 所示。

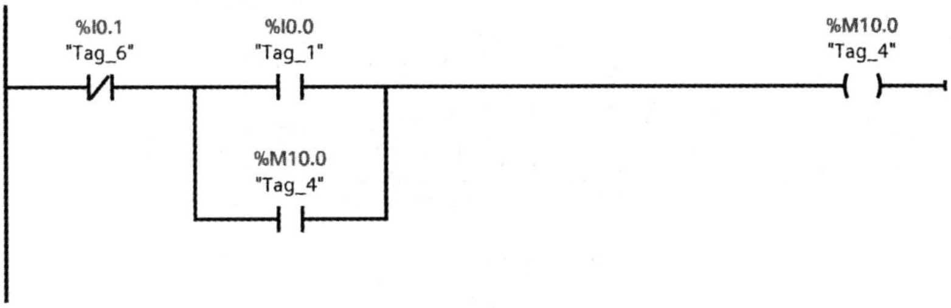

(a) 不合理的接法

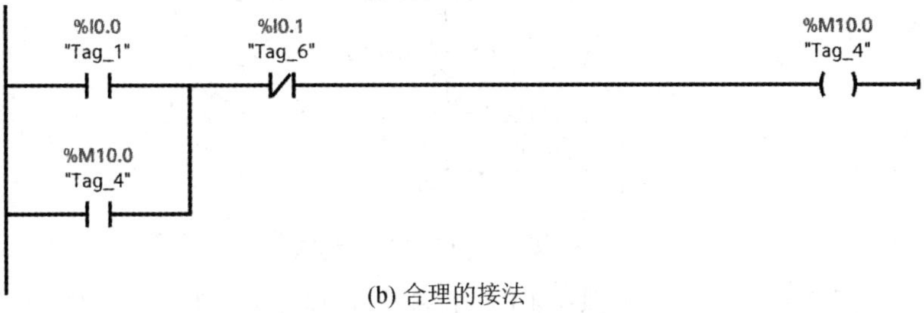

(b) 合理的接法

图 3-14　"左重右轻"的原则

3.3　项目实施

3.3.1　硬件电路设计与搭建

1. 分配 PLC I/O 点

根据项目描述要实现传送带正反转控制的要求，控制系统的输入信号有 4 个：分别是电机正向启动、电机反转启动、电机停止及热继电器信号；输出信号需要控制的对象有 2 个：交流接触器 KM1 和 KM2 的线圈。因此，我们进行 PLC 的 I/O 配置如表 3 - 10 所示。

表 3 - 10　传送带正反转控制的 I/O 分配表

输入/输出类别	元件名称/符号	I/O 地址
输入(4 点)	电机正转启动按钮 SB0	I0.0
	电机反转启动按钮 SB1	I0.1
	电机停止按钮 SB2	I0.2
	热继电器 FR	I0.3
输出(2 点)	正转 KM1 线圈	Q0.0
	反转 KM2 线圈	Q0.1

2. 绘制硬件电路图

实现电动机正反转的 PLC 控制电路图如图 3 - 15 所示。图中 PLC 输入端的电源是 PLC 模块自身对外提供的直流 24V 电源，也可以选用外部直流 24 V 电源。

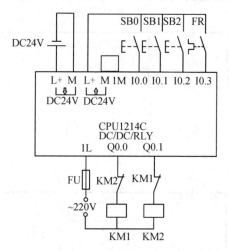

图 3 - 15　PLC 控制电路图

【思考】　如图 3 - 15 所示，分别在 PLC 的输出端 Q0.0 和 Q0.1 上串接了交流接触器的辅助常闭触点，请说明其作用。

3. 搭建硬件电路

根据图 3 - 15 所示搭建传送带正反转的 PLC 控制硬件电路。

3.3.2　控制程序设计

1. 梯形图经验设计法

梯形图经验设计法没有普遍的规律可以遵循，设计所用的时间、设计的质量与编程者的经验有关。我们沿用设计继电器电路图的方法来设计梯形图程序，即在已有典型梯形图（如"启-保-停"电路）的基础上，根据被控对象的要求，不断地修改和完善梯形图。有时需要多次反复地调试和修改梯形图，不断地增加或删减编程元件和触点，最后才能得到一个较为满意的梯形图。经验设计法可用于逻辑关系较简单的梯形图程序设计。

2. 典型梯形图——"启-保-停"电路

在项目 2 中，为了实现电动机的连续运行控制，根据控制要求，在 PLC 的控制电路中需要实现的控制过程为：

(1) 按下启动按钮 SB0(I0.0 的常开触点闭合)，Q0.0 的线圈得电，则交流接触器 KM 线圈得电。

(2) 按下停止按钮 SB1(I0.1 的常闭触点断开)，Q0.0 的线圈失电，则交流接触器 KM 线圈失电。

如果不考虑热继电器的作用，则梯形图电路如图 3-16 所示。该梯形图电路即是梯形图程序中最简单的"启-保-停"电路：I0.0 常开触点做"启动"，I0.1 常闭触点做"停止"，Q0.0 常开触点做"保持"。电路实现的功能为：当 I0.0 常开触点闭合，Q0.0 的线圈得电，同时 Q0.0 常开触点闭合形成自锁（即保持）；当 I0.1 的常闭触点断开，Q0.0 的线圈失电。"启-保-停"电路是一种具有记忆功能的电路，是梯形图经验设计法中常用的基本电路之一。

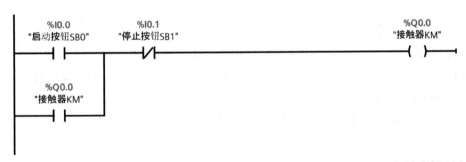

图 3-16 "启-保-停"电路

因此，根据本项目对货物出入库运输系统的控制要求：按下正转启动按钮 SB0，电动机正转；按下停止按钮 SB2，电动机停止，然后再按下反转启动按钮 SB1，电动机反转；按下停止按钮 SB2，电动机停止。这里可以采用该启-保-停电路来实现。

梯形图程序如图 3-17 所示，在程序段 1 中串接了 Q0.1 的常闭触点，而在程序段 2 中串接了 Q0.0 的常闭触点，它们的作用是实现接触器线圈的互锁，保证了正转信号 Q0.0 得电时，反转信号 Q0.1 不能得电，即正转和反转的两个交流接触器线圈不能同时得电，否则会造成在主电路中出现电源短路的故障。其实，在 PLC 实现电机正反转的控制系统中，为了保证安全，除了软件中需要实现线圈互锁外，硬件电路上也应该增加互锁，这样可以防止意外情况的发生：如当一个交流接触器线圈虽然失电了，但其触点因熔焊而无法分离，此时另一个交流接触器线圈再得电，其主触点闭合，就会发生电源短路现象。因此，如图 3-15 所示，分别在 PLC 的输出端 Q0.0 和 Q0.1 上分别串接了对方交流接触器的辅助常闭触点。

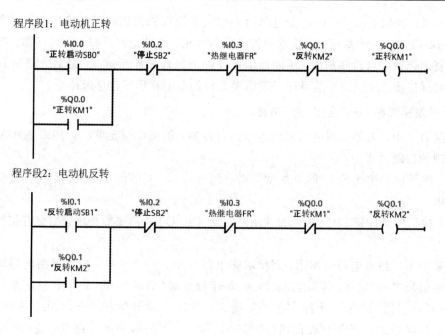

图 3-17　传送带正反转控制梯形图

3.3.3　系统运行与调试

1. PLC 硬件组态

1) 创建新项目

打开博途平台,创建新项目,项目命名为"传送带正反转控制",并保存项目。

2) 添加 CPU 模块

在项目视图的项目树设备栏中,双击"添加新设备",添加模块 CPU1214C DC/DC/RLY。

2. 编辑变量表

按图 3-18 所示编辑本项目的变量表。

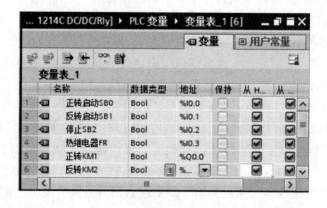

图 3-18　PLC 变量表

3. 录入程序

在项目视图左侧的项目树中，展开"PLC_1" → "程序块"，双击 Main【OB1】，打开主程序块 OB1。在打开的程序编辑器窗口中输入图 3-17 所示的梯形图。

4. 编译与下载

单击工具栏中的 ▣ 快捷键，对项目进行编译。编译通过后进行程序下载。在项目视图中，单击工具栏中的快捷键 ⬇ （下载到设备）进行程序下载。

5. 系统调试及结果记录

单击程序编辑器中工具栏的"启用/禁用监视"图标按钮 ▣ ，进入程序运行监视状态。

1）控制电路调试

断开主电路中的空气开关 QS，先调试控制电路：按下正转启动按钮 SB0，观察交流接触器 KM1 是否吸合；按下停止按钮 SB2，交流接触器 KM1 是否断开；按下反转启动按钮 SB1，观察交流接触器 KM2 是否吸合；按下停止按钮 SB2，交流接触器 KM2 是否断开。如果上述动作均正常，则控制电路调试成功。

2）主控电路联合调试

合上主电路中的空气开关 QS，进行主控电路的联合调试。该控制系统正常的工作过程应为按下正转启动按钮 SB0，交流接触器 KM1 线圈得电，其常开主触点闭合，电动机得电正转；按下停止按钮 SB2，交流接触器 KM1 线圈失电，KM1 常开主触点断开，电动机失电停止；按下反转启动按钮 SB1，交流接触器 KM2 线圈得电，其常开主触点闭合，电动机得电反转；按下停止按钮 SB2，交流接触器 KM2 线圈失电，常开主触点断开，电动机失电停止。根据以上操作则实现了电动机的"正-停-反-停"控制。

根据表 3-11 中的步骤操作，观察系统运行状况，并将相关结果记录在表中。

表 3-11   调试结果记录表

步骤	操作	Q0.0 （得电/失电）	KM1 主触点 （闭合/断开）	Q0.1 （得电/失电）	KM2 主触点 （闭合/断开）
1	按下正转启动按钮 SB0				
2	按下停止按钮 SB2				
3	按下反转启动按钮 SB1				
4	按下停止按钮 SB2				

3.3.4　考核评价

内容	评分点	配分	评分标准	自评	互评	师评
系统硬件电路设计 10 分	元器件的选型	5	元器件选型合理；能很好地掌握元器件型号的含义；遵循电气设计安全原则			
	电气原理图的绘制	5	电路设计规范，符合实际工程设计要求；电路整体美观，图形符号规范、正确，错 1 处扣 1 分			
硬件电路搭建 25 分	布线工艺	5	能按控制要求合理走线，且能考虑最优的接线方案，节约使用耗材。符合要求得 5 分。否则酌情扣分			
	接线头工艺	10	连接的所有导线，必须压接接线头，不符合要求扣 1 分/处；同一接线端子超过两个线头、露铜超 2 mm，扣 1 分/处；符合要求得 10 分			
	硬件互锁	5	硬件电路接线有正反转互锁连线得 5 分			
	整体美观	5	根据工艺连线的整体美观度酌情给分，所有接线工整美观得 5 分			
系统功能调试 45 分	正转实现	20	按下正转启动按钮 SB0，交流接触器吸合得 3 分，并自锁得 2 分，电动机能正转得 5 分；按下停止按钮 SB2，电动机停止得 10 分			
	反转实现	20	按下反转启动按钮 SB1，交流接触器吸合得 3 分，并自锁得 2 分，电动机能正转得 5 分；按下停止按钮 SB2，电动机停止得 10 分			
	软件互锁	5	程序设计中增加了正反转互锁触点，得 5 分			
职业素养与安全意识 20 分	工具摆放	5	保持工位整洁，工具和器件摆放符合规范，工具摆放杂乱，影响操作，酌情扣分			
	团队意识	5	团队分工合理，有分工有合作			
	操作规范	10	操作符合规范，未损坏工具和器件，若因操作不当，造成器件损坏，该项不得分			
得　分						

3.4　知识延伸——正反转直接切换的实现

现有一个控制系统，要求电动机能够完成正反转的直接切换，系统经过调试后，可以发现用图 3 - 15 所示的硬件电路图和图 3 - 17 所示的梯形图无法满足控制要求，在正反转的过程中必须经过停止的过程，那么如何实现正反转直接切换，不必经过停止的过程？请思考在硬件电路不做改动的情况下，如何修改程序来实现控制要求呢？

【分析】　如图 3-19 所示是实现电动机正反转的继电器/接触器控制电路图,图(a)可以实现"正-停-反-停"控制,但无法实现电动机正反转的直接切换,而图(b)因为增加了按钮的机械互锁功能,便可以实现电动机正反转的直接切换。因此,在梯形图中我们也可在对方的梯形图网络中分别串联上各自启动按钮的常闭触点,实现双重互锁,便可实现"正-反-停"控制要求。梯形图如图 3-20 所示,在程序段 1 中串联了 I0.1(接反转启动按钮 SB1)的常闭触点;程序段 2 中串联了 I0.0(接正转启动按钮 SB0)的常闭触点。

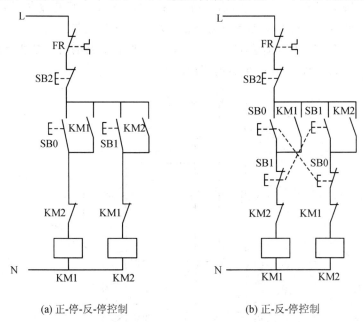

(a) 正-停-反-停控制　　　　　　　　(b) 正-反-停控制

图 3-19　继电器/接触器控制电动机正反转直接切换

程序段1:电动机正转

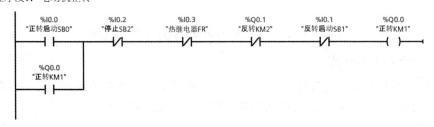

程序段2:电动机反转

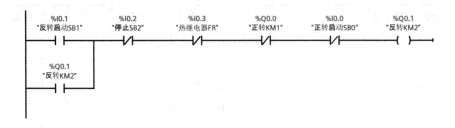

图 3-20　电动机正反转直接切换的梯形图

3.5　拓展训练——传送带异地启停控制

某车间传送带由一台三相异步电动机驱动,为了方便对电动机进行启停控制,在甲乙两地分别设置了启停控制按钮,SB1、SB3 分别为甲地的启停控制按钮,SB2、SB4 分别为乙地的启停控制按钮。

启动控制:按下甲乙两地(任意)启动按钮 SB1 或 SB2,均可启动传送带运行;停止控制:按下甲乙两地(任意)停止按钮 SB3 或 SB4,均可停止传送带运行。

采用继电器控制实现的电路如图 3-21 所示,该控制电路的特征是所有启动按钮并联,停止按钮串联。那么如何用 PLC 来实现该控制呢?

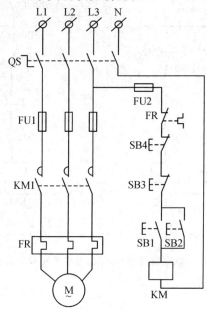

图 3-21　继电器/接触器控制传送带异地启停

1. 分配 PLC I/O 点

根据系统控制要求,控制系统的输入信号有 5 个:甲地启动按钮 SB1、乙地启动按钮 SB2、甲地停止按钮 SB3、乙地停止按钮 SB4 及热电器 FR 信号。

PLC 的 I/O 配置如表 3-12 所示。

表 3-12　传送带异地启停控制 I/O 分配表

输入/输出类别	元件名称/符号	I/O 地址
输入(5 点)	甲地启动按钮 SB1	I0.0
	乙地启动按钮 SB2	I0.1
	甲地停止按钮 SB3	I0.2
	乙地停止按钮 SB4	I0.3
	热继电器 FR	I0.4
输出(1 点)	KM 线圈	Q0.0

2. 绘制硬件电路图

实现传送带两地启停控制的 PLC 控制电路图如图 3-22 所示。图中 PLC 输入端的电源使用的是 PLC 模块自身对外提供的直流 24V 电源，这里也可以选用外部直流 24V 电源。

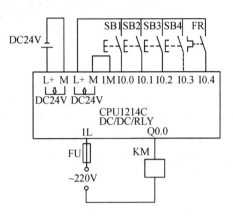

图 3-22　系统 PLC 控制电路图

3. 设计系统控制程序

根据系统控制要求，结合系统 PLC 的 I/O 分配表和控制电路图，设计出实现传送带异地启停控制的梯形图，如图 3-23 所示。仍然遵循"启动按钮并联，停止按钮串联"的原则。

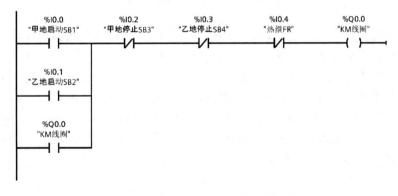

图 3-23　传送带异地启停控制梯形图

项目 4　工作台自动往返控制

📝 知识目标

（1）掌握置位/复位指令、多点置位(SET_BF)/多点复位(RESET_BF)指令及其应用；
（2）掌握置位优先(RS)/复位优先(SR)触发器及其应用；
（3）掌握边沿检测触点指令和检测信号边沿指令及其应用。

📝 技能目标

（1）学会应用置位和复位指令编写应用程序；
（2）学会使用监控表和强制表；
（3）学会工作台往复运动控制系统硬件电路的接线和系统调试。

4.1　项目描述

在某自动化生产线上，机械设备的工作台需要在 A、B 两点之间实现自动往返运动。该工作台由一台三相异步电动机驱动，电动机正转时驱动工作台向左运行，左运行到达 A 点处，触碰到位置开关 SQ0，电动机反转，工作台向右运行，右运行至 B 点处，触碰到位置开关 SQ1，电动机又正转驱动工作台向左运行，如此循环。该系统配置有电动机正转启动按钮 SB0，反转启动按钮 SB1，停止按钮 SB2，A、B 两处的极限位开关 SQ2 和 SQ3 用于提高系统的安全性能，在 SQ0 和 SQ1 出现故障时启用，一旦出现工作台触碰到 SQ2 或 SQ3 时，则工作台必须立即停止。系统的结构如图 4-1 所示。

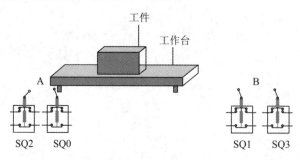

图 4-1　系统结构示意图

我们发现在本系统中，工作台的往返运动也是通过三相异步电动机的正反转来实现的，所以在 PLC 程序设计时，我们可以使用在项目 3 中学习的典型梯形图——"启-保-停"电路来实现本系统的 PLC 程序设计。在 PLC 程序设计中，还有一个典型的梯形图——置位/复位电路，与"启-保-停"电路有着异曲同工的作用。在本项目中，我们就来学习如何用置位/复位电路来实现本系统的 PLC 程序设计。

4.2　知　识　链　接

4.2.1　置位(S)/复位(R)指令

置位(Set)指令是指将指定的地址位置位(变为 1 状态并保持)。

复位(Reset)指令是指将指定的地址位复位(变为 0 状态并保持)。

置位指令与复位指令最主要的特点是有记忆和保持功能。如图 4-2 所示,当 M10.0 为 1
(常开触点闭合)时,Q0.0 为 1(Q0.0 线圈得电)并保持,之后即使 M10.0 变为 0,Q0.0 仍然保
持 1 状态不变。直至 M10.1 为 1,复位 Q0.0,则 Q0.0 为 0(Q0.0 线圈失电)并保持。

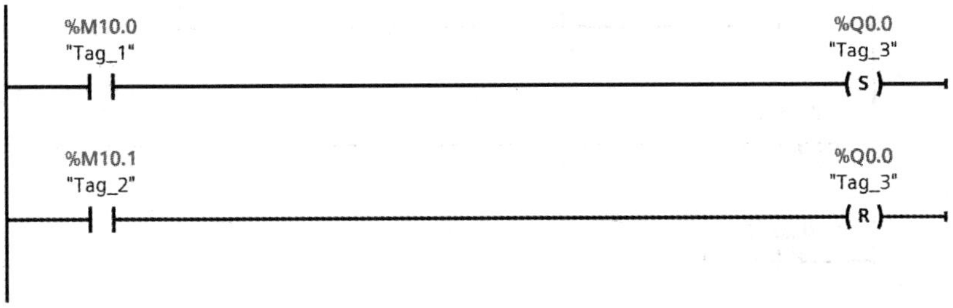

图 4-2　置位和复位指令

【例 4-1】　如图 3-16 所示"启-保-停"电路,实现了按下启动按钮 SB0,Q0.0 线圈得
电,按下停止按钮 SB1,Q0.0 线圈失电。请试用置位(S)/复位(R)指令编写实现该控制的
梯形图程序。

分析:硬件接线为启动按钮 SB1 接在 PLC 的输入端子 I0.0 上,停止按钮 SB0(常开触
头)接在 PLC 输入端子 I0.1 上。梯形图如图 4-3 所示,这便是典型的梯形图之一——置
位/复位电路,该电路的控制功能与图 3-16"启-保-停"电路实现的控制功能完全一样。支
路 1 实现了当 I0.0 常开触点闭合时,Q0.0 置位(Q0.0 线圈得电,Q0.0=1)并保持,由于
置位/复位指令本身就有保持功能,所以原"启-保-停"电路中与 I0.0 常开触点并联的 Q0.0
常开触点就不需要了。支路 2 实现了当 I0.1 常开触点闭合时,Q0.0 复位(Q0.0 线圈失电,
Q0.0=0)并保持。

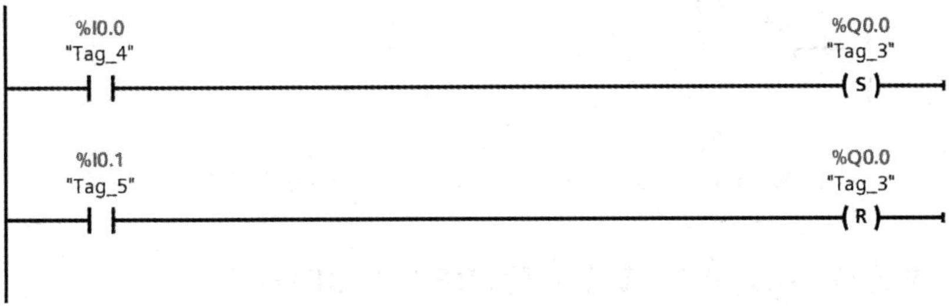

图 4-3　例 4-1 梯形图

【注意】　在图 3 - 16 所示"启-保-停"电路中串接的是 I0.1 的常闭触点，而复位指令中则应使用 I0.1 的常开触点。

【例 4 - 2】　图 3 - 17 为采用"启-保-停"电路实现电动机正反转的梯形图，请试用置位(S)/复位(R)指令编写对应的梯形图程序，控制要求不变。

分析：梯形图程序如图 4 - 4 所示。以程序段 1 为例说明其实现的控制过程：当 I0.0 的常开触点闭合时，Q0.0 被置位(Q0.0＝1)并保持；当 I0.2、I0.3、Q0.1 常开触点中任何一个触点闭合时，Q0.0 均被复位(Q0.0＝0)，即原来在"启-保-停"电路中的 I0.2、I0.3、Q0.1 用的常闭触点，串联连接形成"或"关系，起停止作用；但在复位指令中就应该将它们的常开触点并联，形成"或"关系，去复位 Q0.0，起停止作用。

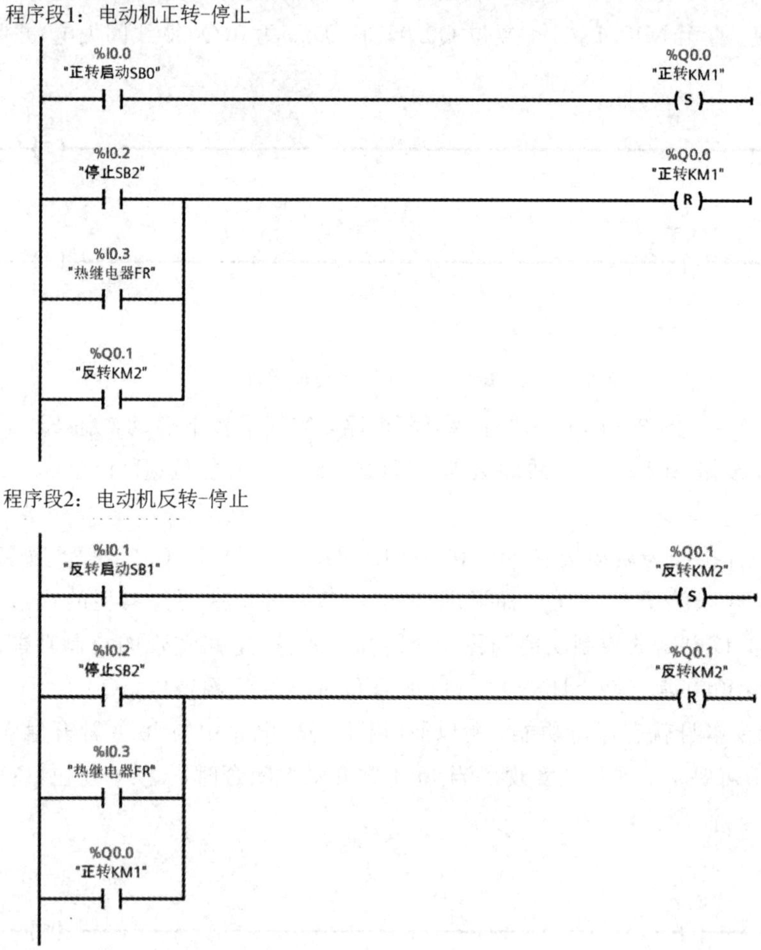

程序段1：电动机正转-停止

程序段2：电动机反转-停止

图 4 - 4　置位/复位指令实现电动机正反转控制梯形图

4.2.2　多点置位(SET_BF)/多点复位(RESET_BF)指令

多点置位(SET_BF)/多点复位(RESET_BF)指令与置位(S)/复位(R)指令不同，该指令可以对从指定地址开始的连续多个位进行置位或复位。指令下方的数字为指定操作的位数。

如图 4-5 所示,当 M10.0 的常开触点闭合(即 M10.0=1)时,从 M20.0 开始的连续 3 个位(M20.0、M20.1、M20.2)被置 1 并保持 1 状态;当 M10.1 的常开触点闭合(即 M10.1=1)时,将 M20.0 开始的连续 3 个位清 0 并一直保持 0 状态。

```
%M10.0                                              %M20.0
"Tag_1"                                             "Tag_6"
──┤ ├──────────────────────────────────────────────( SET_BF )──┤├
                                                       3

%M10.1                                              %M20.0
"Tag_2"                                             "Tag_6"
──┤ ├──────────────────────────────────────────────( RESET_BF )──┤├
                                                       3
```

图 4-5　多点置位/多点复位指令

4.2.3　置位优先(RS)/复位优先(SR)触发器

置位优先/复位优先触发器的梯形图符号如图 4-6 所示。RS 为置位优先触发器,它的左下角引脚是 S1。SR 是复位优先触发器,它的左下角引脚是 R1。这两种触发器的输入与输出之间的对应关系(真值表)如表 4-1 所示。

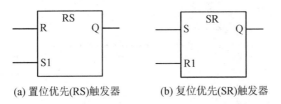

(a) 置位优先(RS)触发器　　　　(b) 复位优先(SR)触发器

图 4-6　置位优先(RS)/复位优先(SR)触发器

表 4-1　置位优先(RS)/复位优先(SR)触发器真值表

置位优先(RS)触发器			复位优先(SR)触发器		
输　入		输　出	输　入		输　出
R	S1	Q	S	R1	Q
0	0	保持之前的状态不变	0	0	保持之前的状态不变
0	1	1	0	1	0
1	0	0	1	0	1
1	1	1	1	1	0

【注意】　当输入端的状态断开后,输出端的状态仍然保持。如 RS 触发器,当 R 和 S1 为 1 时,输出 Q 的状态为 1,之后即使输入端的信号断开,输出 Q 端的信号仍保持 1 的状态。

【例 4 - 3】　在图 4-7 所示的梯形图中,当 I0.0 和 I0.1 常开触点都为闭合状态(即同时为 1)时,请分析 Q0.0 和 Q0.1 的状态(得电还是失电状态)。

分析： 在图 4-7 所示的梯形图的程序段 1 中使用了置位优先(RS)触发器,如果置位(S1)和复位(R)信号都为 1 的状态,置位优先,则输出端 Q 的状态为 1,Q0.0 线圈得电；梯形图的程序段 2 中使用了复位优先(SR)触发器,如果置位(S)和复位(R1)信号都为 1 的状态,复位优先,则输出端 Q 的状态为 0,Q0.1 线圈不得电。

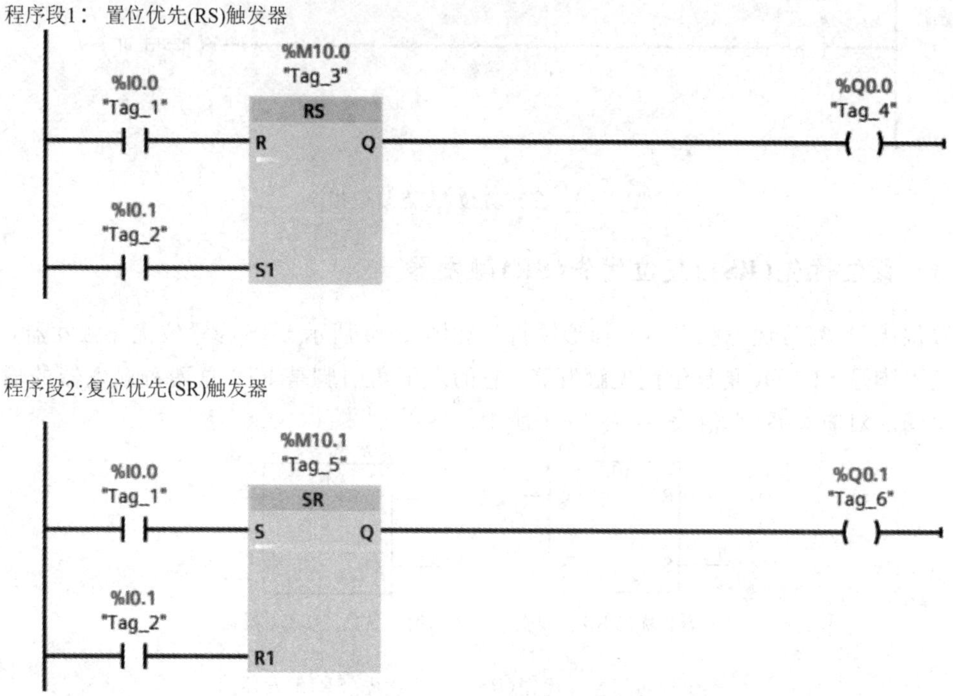

程序段1：　置位优先(RS)触发器

程序段2:复位优先(SR)触发器

图 4-7　例 4-3 梯形图

【例 4 - 4】　选用 CPU1214 为控制器,试编程实现用一个按钮 SB 控制一个指示灯 L 的亮和灭：第一次按下按钮灯亮；第二次按下按钮灯灭。

分析： PLC 输入端 I0.0 外接按钮 SB 的常开触头,输出端 Q0.0 接指示灯 L。这里采用 SR 触发器指令来实现,梯形图如图 4-8 所示。当第一次按下 SB 时,SR 触发器的 S 端的状态为 1,R1 端的状态为 0(因为 Q0.1 的常开触点断开),Q 端输出状态为 1,则 Q0.0 线圈得电,指示灯 L 点亮；在第二次按下按钮 SB 时,由于 Q0.0 线圈得电,则 Q0.0 的常开触点闭合,SR 触发器的 S 端和 R1 端的状态都为 1,由于复位优先,因此 Q 端输出状态为 0,Q0.0 线圈失电,指示灯 L 熄灭。

【思考】　用不同的方法编写实现该控制要求的梯形图,请同学们开动脑筋,还能想出实现该控制的其他程序吗?

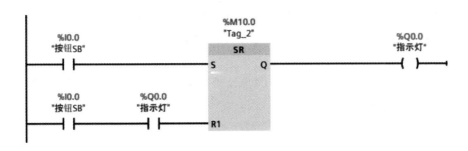

图 4-8 例 4-4 梯形图

4.2.4 边沿检测触点指令

当某个信号的状态由"0"变为"1"时,则产生一个上升沿(正跳变);当信号状态由"1"变为"0"时,则产生一个下降沿(负跳变)。当我们按下按钮时,按钮的常开触头由断到闭合的过程就是一个"0"变为"1"的正跳变;而松开按钮,按钮的常开触头由闭合到断开的过程就是一个由"1"变为"0"的负跳变,如图 4-9 所示。

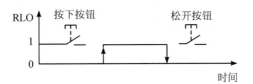

图 4-9 上升沿和下降沿

S7-1200 PLC 中的边沿检测触点指令有上升沿检测触点(梯形图中符号为 —|P|—)和下降沿检测触点(梯形图中符号为 —|N|—)。如图 4-10 所示,当按下按钮 SB 时,在 I0.0 上产生一个上升沿,驱动 Q0.0 导通一个扫描周期;当松开按钮 SB 时,在 I0.0 上产生一个下降沿,此时驱动 Q0.1 导通一个扫描周期。

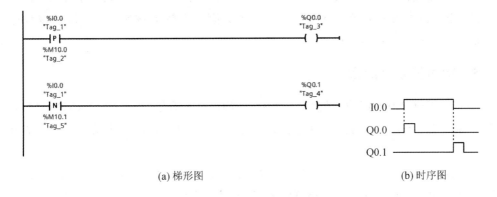

(a) 梯形图   (b) 时序图

图 4-10 边沿检测触点指令应用

【注意】　P 触点下面的 M10.0 和 N 触点下面的 M10.1 为边沿存储位,用来存储上一次扫描循环时 I0.0 的状态,这里通常用位存储器 M 进行存储,该地址在同一程序中不可以被重复使用。

【例 4 - 5】　已知 I0.0 外接按钮 SB,Q0.0 外接指示灯 L,请分析图 4 - 11 所示的梯形图,说明该程序所实现的功能。

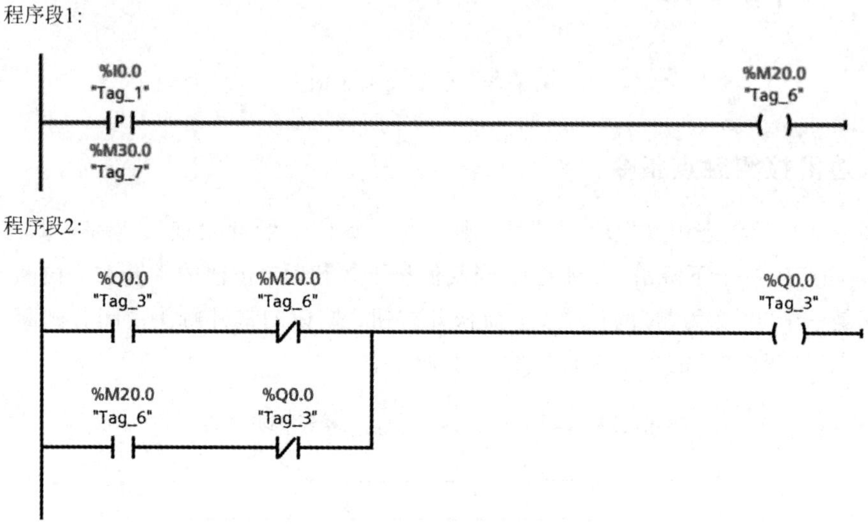

程序段1:

程序段2:

图 4 - 11　例 4 - 5 梯形图

分析:当第一次按下按钮 SB 时,I0.0 产生上升沿,驱动 M20.0 线圈得电一个扫描周期。在第一个扫描周期中,程序段 2 中 M20.0 的常开触点闭合,Q0.0 的常闭触点闭合,Q0.0 的线圈得电,指示灯 L 点亮;当进入第二个扫描周期时,程序段 1 中的 M20.0 线圈处于失电状态,程序段 2 中 M20.0 的常闭触点复位闭合,Q0.0 的常开触点闭合形成自锁,指示灯 L 保持长亮状态。当第二次按下按钮 SB,M20.0 线圈接通一个扫描周期,程序段 2 中 M20.0 的常闭触点断开,Q0.0 的线圈失电,指示灯 L 熄灭,即该程序可以实现一个按钮控制一盏灯的亮和灭:第一次按下按钮灯亮;第二次按下按钮灯灭。所以该程序与图 4 - 7 的梯形图实现的功能一样。

4.2.5　检测信号边沿指令

S7-1200 PLC 中的检测信号边沿指令有"检测信号上升沿"指令(R_TRIG)和"检测信号下降沿"指令(F_TRIG)。检测信号边沿指令是函数块,在调用时可手动或自动生成背景数据块。

"检测信号上升沿"指令(R_TRIG)可以检测输入 CLK 从"0"到"1"的状态变化;"检测信号下降沿"指令(F_TRIG)可以检测输入 CLK 从"1"到"0"的状态变化。如果指令检测到输入 CLK 的状态从"0"变成了"1"(上升沿)或从"1"到"0"(下降沿),就会通过 Q 端输出一个扫描周期的脉冲。在任何情况下,该指令输出的信号状态均为"0"。检测信号边沿指令梯形图符号如表 4 - 2 所示。

表 4 - 2   上升沿指令(R_TRIG)和下降沿指令(F_TRIG)梯形图

指令名称	梯形图符号	功　能
检测信号上升 沿指令	%DB1 "R_TRIG_DB" R_TRIG EN　　ENO false — CLK　　Q — false	在信号上升沿置位变量
检测信号下降 沿指令	%DB2 "F_TRIG_DB" F_TRIG EN　　ENO false — CLK　　Q — false	在信号下降 沿置位变量

【例 4 - 6】   选用 CPU1214 为控制器，用检测信号上升沿指令(R_TRIG)和检测信号下降沿指令(F_TRIG)实现电动机的点动控制。控制要求为当按下按钮 SB0 时，电机转动；当松开按钮 SB0 时，电动机停止转动。

分析：按钮 SB0 接在 PLC 的 I0.0 端子上，控制电动机启停的交流接触器 KM 接在 PLC 的输出端 Q0.0 上，控制程序梯形图如图 4 - 12 所示。

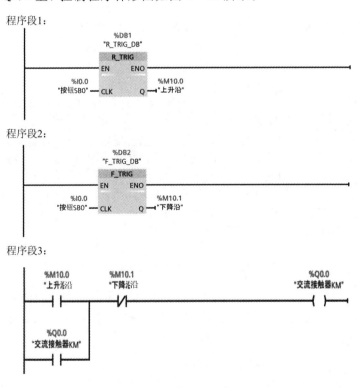

图 4 - 12   案例 4 - 6 梯形图

4.2.6 监控表和强制表

1. 监控表

TIA 博途平台为用户提供的监控表可以监视、修改和强制用户程序或 CPU 内的各个变量，可以向某些变量写入需要的数值，从而检查 I/O 设备的接线情况，也为程序的调试提供了便利。如为了检查线路，可以在 CPU 处于 STOP 模式时给外设输出点指定固定的值。

监控表可以赋值或显示的变量包括过程映像(I 和 Q)、物理输入(L_：P)和物理输出(Q_：P)、位存储器 M 和数据块 DB 内的存储单元。一个项目可以生成多个监控表，以满足不同的调试要求。

1) 创建监控表

当在 TIA 博途平台的项目中添加了 PLC 设备后，系统会自动为该 PLC 的 CPU 生成一个"监控与强制表"。在项目视图的项目树中打开"监控与强制表"文件夹，鼠标双击"添加新监控表"，则系统会自动创建一个监控表，名为"监控表 1"，鼠标双击"监控表 1"，将需要监控的变量名称输入到监控表的变量"名称"列中，监控表对应的地址和数据类型会自动生成。

2) 监控表 I/O 测试

单击"监控表 1"编辑器工具栏中的"全部监视"按钮，则监控表中各变量的当前值会显示在"监视值"列中，如图 4-13 所示。同时，在监控表中也可以对相关变量的值进行修改，如把 M20.0 修改为 1 的步骤如下：

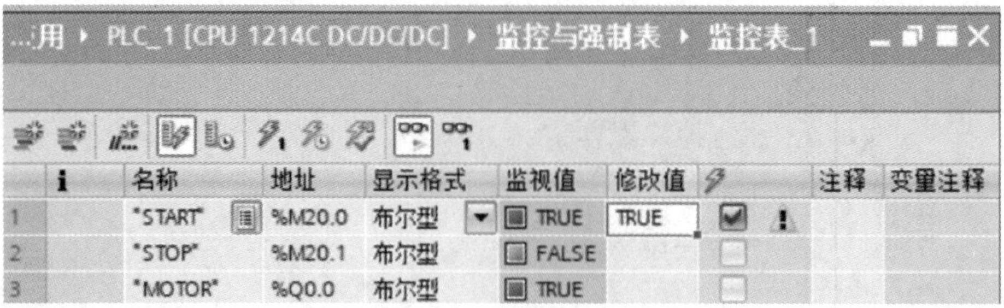

图 4-13 监控表监视变量值

在变量 M20.0 后面的"修改值"栏中单击鼠标右键，系统会弹出快捷菜单，选择"修改"→"修改为 1"命令，则变量 M20.0 的修改值变成"TRUE"，如图 4-14 所示。或者在变量 M20.0 后面的"修改值"栏中双击鼠标左键，直接输入"0"或"1"。此时监视到变量 Q0.0 的值由"FLASE"变成"TRUE"，如图 4-15 所示。

需要注意的是，数字量输入点的状态不可在监控表中修改，但可以在强制表中进行强制。

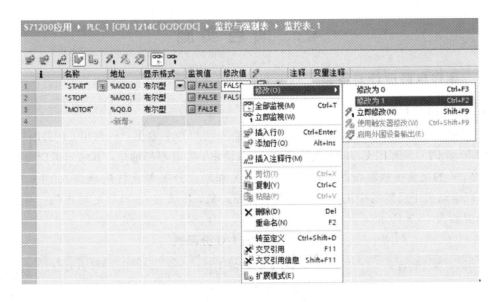

图 4 - 14　修改监控表中变量值(1)

图 4 - 15　修改监控表中变量值(2)

2. 强制表

强制表可以为用户程序的各个 I/O 变量分配固定值。强制的步骤：在项目视图的项目树中打开"监控与强制表"文件夹，鼠标双击"强制表"即可打开该编辑器，输入要强制的变量，在变量的"强制值"列中输入"0"(FALSE)或者"1"(TRUE)，单击工具栏中的"启动强制"按钮 **F.**，即将对应的变量强制。如图 4 - 16 所示，将启动按钮 I0.0 强制为"1(TRUE)"。单击工具栏中的"停止强制"按钮 **F.**，则可以取消对变量的强制。

图 4 - 16　强制变量

4.3　项目实施

4.3.1　硬件电路设计与搭建

1. 分配 PLC I/O 点

根据项目的控制要求,本项目共需要 8 个输入点和 2 个输出点。选用 CPU1214C DC/DC/RLY 型 PLC,此 PLC 为 14 点输入和 10 点输出,继电器型输出,其输出可以直接驱动交流 220 V 的交流接触器线圈。按钮、位置开关和限位开关等元件应该接入 PLC 的输入端,实现电动机正反转的交流接触器线圈是被控对象,应该接在 PLC 的输出端。本系统的 I/O 分配如表 4-3 所示。

表 4-3　系统 I/O 分配表

输入/输出类别	元件名称/符号	I/O 地址
输入	正转启动按钮 SB0	I0.0
	反转启动按钮 SB1	I0.1
	停止按钮 SB2	I0.2
	A 点限位开关 SQ0	I0.3
	B 点限位开关 SQ1	I0.4
	A 点极限位开关 SQ2	I0.5
	B 点极限位开关 SQ3	I0.6
	热继电器 FR	I0.7
输出	电机正转接触器 KM1	Q0.0
	电机反转接触器 KM2	Q0.1

2. 绘制硬件电路图

根据本系统的 I/O 分配表绘制系统的 PLC 控制电路图如图 4-17 所示。输入端的电源可以使用 PLC 模块自身对外提供的直流 24 V 电源。

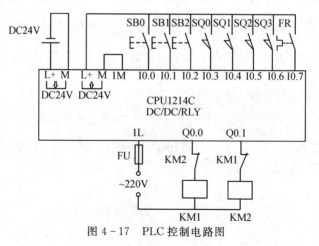

图 4-17　PLC 控制电路图

3. 搭建硬件电路

根据图 4-17 所示搭建本系统工作台往返运动的 PLC 控制硬件电路。

4.3.2　控制程序设计

通过对本项目控制要求分析，并结合系统 PLC 的 I/O 分配表和控制电路图，我们需要明确以下四点：

（1）工作台往右运行（Q0.0 线圈得电，电机正转）的条件是正转启动按钮 SB0（I0.0）和 A 点限位 SQ0（I0.3）闭合；

（2）工作台往左运行（Q0.1 线圈得电，电机反转）的条件是反转启动按钮 SB1（I0.1）和 B 点限位 SQ1（I0.4）闭合；

（3）电动机停止按钮 SB2（I0.2）一旦按下或热继电器 FR（I0.7）动作，工作台无论处于什么状态都应停止运行；

（4）当左右限位失灵时，工作台右行触碰 B 点极限位 SQ3（I0.6）应该停车；左行触碰 A 点极限位 SQ2（I0.5）应该停车。

根据典型梯形图——"启-保-停"电路设计出实现本系统工作台自动往返运动控制梯形图，如图 4-18 所示。

程序段1：工作台右行——停车

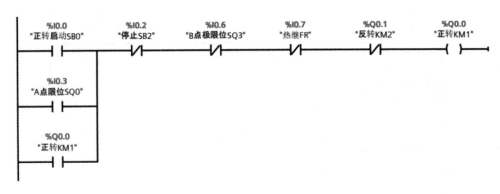

程序段2：工作台左行——停车

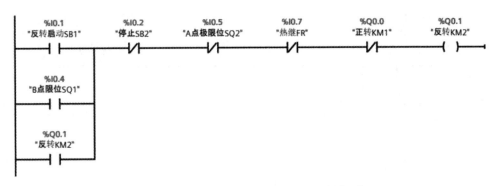

图 4-18　工作台自动往返控制梯形图（"启-保-停"）

那么用置位(S)/复位(R)电路来实现本系统控制要求,该如何编写控制程序呢? 根据系统控制要求我们先明确以下两点:

(1) 当按下电动机正转启动按钮 SB0(I0.0)或者触碰 A 点极限位 SQ0(I0.3)时,工作台右行,即要求 Q0.0 线圈得电并保持。因此,把 I0.0 和 I0.3 常开触点并联后与置位 Q0.0 的指令串联即可。

(2) 在工作台右行过程中按下停止按钮 SB2(I0.1),或工作台触碰到 B 点极限位 SQ3 (I0.6),或热继电器 FR(I0.7)动作,都要求 Q0.0 线圈失电,这几种情况之间是"或"关系。因此,将其各自常开触点并联后与复位 Q0.0 的指令串联即可。

用同样的分析方法可以编写出实现 Q0.1 置位和复位的程序,同时要增加系统的互锁功能。得到的梯形图如图 4-19 所示。

程序段1:工作台右行

程序段2:工作台右行——停车

程序段3:工作台左行

程序段4：工作台左行——停车

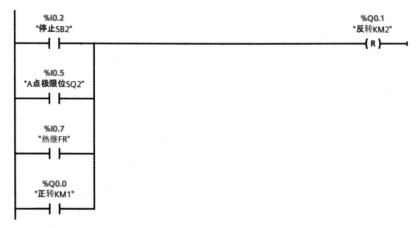

图 4-19　工作台自动往返控制梯形图(置位(S)/复位(R))

4.3.3　系统运行与调试

1. PLC 硬件组态

1) 创建新项目

打开博途平台，创建新项目，项目命名为“工作台的自动往返控制”，并保存项目。

2) 添加 CPU 模块

在项目视图中的项目树设备栏中，双击“添加新设备”，添加模块 CPU1214C DC/DC/RLY。

2. 编辑变量表

按图 4-20 所示编辑本项目的 PLC 变量表。

...] ▸ PLC_1 [CPU 1214C DC/DC/Rly] ▸ PLC变量 ▸ 变量表_1 [10]

变量 | 用户常量

变量表_1

	名称	数据类型	地址	保持	从 H...	从 H...	在 H...
1	正转启动SB0	Bool	%I0.0	☐	☑	☑	☑
2	反转启动SB1	Bool	%I0.1	☐	☑	☑	☑
3	停止SB2	Bool	%I0.2	☐	☑	☑	☑
4	A点限位SQ0	Bool	%I0.3	☐	☑	☑	☑
5	B点限位SQ1	Bool	%I0.4	☐	☑	☑	☑
6	A点极限位SQ2	Bool	%I0.5	☐	☑	☑	☑
7	B点极限位SQ3	Bool	%I0.6	☐	☑	☑	☑
8	热继FR(1)	Bool	%I0.7	☐	☑	☑	☑
9	正转KM1	Bool	%I1.0	☐	☑	☑	☑
10	反转KM2	Bool	%I1.1	☐	☑	☑	☑

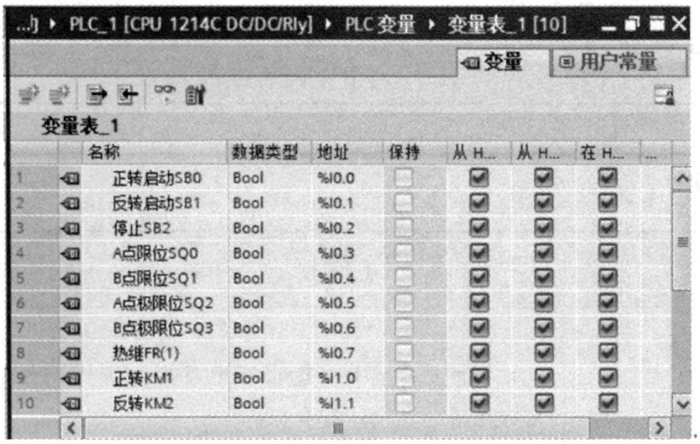

图 4-20　PLC 变量表

3. 录入程序

在项目视图左侧的项目树中，展开“PLC_1”→“程序块”，双击 Main【OB1】，打开主程序块 OB1。在打开的程序编辑器窗口中录入图 4-20 所示的梯形图。

4. 编译与下载

单击工具栏中的  快捷键,对项目进行编译。编译通过后进行程序下载,在项目视图中,单击工具栏中的快捷键  (下载到设备),完成程序的下载。

5. 系统调试及结果记录

单击程序编辑器中工具栏的"启用/禁用监视"图标按钮 ,进入程序运行监视状态。根据表 4-4 中的步骤操作,观察系统的运行状况,并将相关结果记录在表中。

表 4-4   调试结果记录表

步骤	操 作	Q0.0(得电/失电)	KM1(得电/失电)	Q0.1(得电/失电)	KM2(得电/失电)	电动机运行状态(正转/反转/停止)
1	按下正转启动按钮 SB0					
2	触碰到右限位 SQ1					
3	按下反转启动按钮 SB1					
4	触碰到左限位 SQ0					
5	按下停止按钮 SB2					

4.3.4 考核评价

内容	评分点	配分	评 分 标 准	自评	互评	师评
系统硬件电路设计10 分	元器件的选型	5	元器件选型合理;能很好地掌握元器件型号的含义;遵循电气设计安全原则			
	电气原理图的绘制	5	电路设计规范,符合实际工程设计要求;电路整体美观,图形符号规范、正确,错 1 处扣 1 分			

内容	评分点	配分	评分标准	自评	互评	师评
硬件电路搭建25分	布线工艺	5	能按控制要求合理走线，且能考虑最优的接线方案，节约使用耗材。符合要求得5分，否则酌情扣分			
	接线头工艺	10	连接的所有导线，必须压接接线头，不符合要求扣1分/处；同一接线端子超过两个线头、露铜超2 mm，扣1分/处；符合要求得15分			
	硬件互锁	5	硬件电路接线有正反转互锁连线得5分			
	整体美观	5	根据工艺连线的整体美观度酌情给分，所有接线工整美观得5分			
系统功能调试45分	工作台右行	20	按下电动机正转启动按钮SB0，交流接触器吸合得3分，自锁得2分，电动机正转（工作台右行）得5分；当触碰到右限位SQ1，电动机立即反转（工作台左行）得5分；按下停止按钮SB2，电动机停止得5分			
	工作台左行	20	按下电动机反转启动按钮SB1，交流接触器吸合得3分，自锁得2分，电动机反转（工作台左行）得5分；当触碰到左限位SQ0，电动机立即反转（工作台右行）得5分；按下停止按钮SB2，电动机停止得5分			
	软件互锁	5	程序设计中增加了正反转互锁触点得5分			
职业素养与安全意识20分	工具摆放	5	保持工位整洁，工具和器件摆放符合规范，工具摆放杂乱，影响操作，酌情扣分			
	团队意识	5	团队分工合理，有分工有合作			
	操作规范	10	操作符合规范，未损坏工具和器件，若因操作不当，造成器件损坏，该项不得分			
得　分						

4.4　知识延伸——系统和时钟存储器

如在本项目的控制系统中再增加一个系统运行指示灯 L0，当系统一上电时，该指示灯 L0 就点亮；当按下停止按钮时，指示灯 L0 熄灭，表示系统停止工作。那么应该如何来实现呢？我们可以用 S7-1200 PLC 中首次循环（FirstScan）系统存储器位来实现系统一上电该指示灯 L0 就点亮的功能。

S7-1200 PLC 中的系统存储器位如图 4-21 所示，可以通过双击设备视图中的 PLC 模块,在打开的"属性"窗口中找到,在使用时应在博途平台中勾选"启用系统存储器字节"。系统存储器字节地址一般默认为 MB1,用户也可以修改其地址。这里应注意,当设置了系统存储器后,对应 M 变量的地址将不做其他用途。

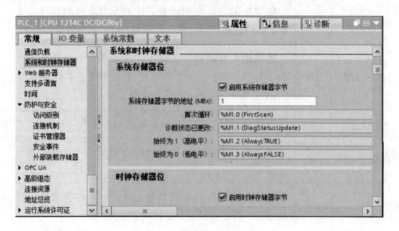

图 4 - 21　系统存储器字节

在图 4 - 19 所示的梯形图中增加图 4 - 22 所示的梯形图,可实现当系统一上电时,系统运行指示灯 L0 点亮;当按下停止按钮时,指示灯 L0 熄灭,系统停止工作。

程序段1: 系统上电,指示灯L0点亮,系统停止则灯灭

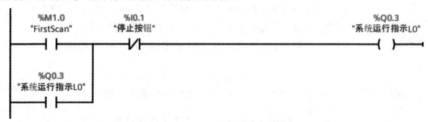

图 4 - 22　系统运行指示灯 L0 控制程序

S7-1200 PLC 中还有一组时钟存储器位,如图 4 - 23 所示,时钟存储器字节的地址默认为 MB0。在博途平台中勾选"启用时钟存储器字节",时钟存储器位的设置才可生效。

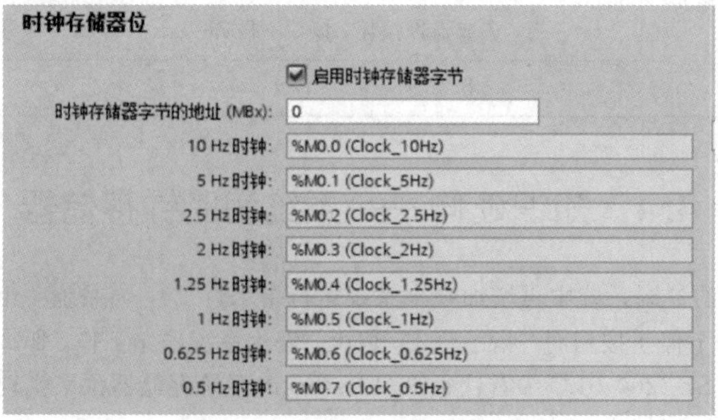

图 4 - 23　时钟存储器字节

在程序设计中，使用这些时钟存储器位的常开触点可以产生各类周期性的脉冲信号，比如 M0.5 可以用于控制指示灯实现秒闪烁，应用程序如图 4-24 所示。当系统上电时，指示灯 L 即可实现周期为 1 秒的闪烁，这在项目 3 的拓展训练中也用到过。

图 4-24 时钟存储器位 M0.5 的应用程序

4.5 拓展训练——状态灯的控制

在很多工业控制系统中，都会涉及对各种状态灯（如系统启动指示灯、设备正常运行指示灯和故障报警指示灯等）的控制。那么本项目中我们将通过 S7-1200 PLC 实现对状态灯的亮灭控制。具体控制要求：在某个 PLC 控制系统中，有一个系统运行指示灯 L1 和一个故障指示灯 L2，当按下系统启动按钮时，系统启动运行，指示灯 L1 点亮，在运行过程中如果某故障信号产生，则通过故障指示灯 L2 以 1 s 的周期闪烁进行故障报警，同时运行指示灯熄灭。当检修人员在故障信号没有消除的情况下按下复位按键 SB2，则指示灯 L2 转为常亮状态；当检修人员在故障信号消除后按下复位按键 SB2，指示灯 L2 熄灭。在任何情况下按下系统停止按钮时，所有指示灯均熄灭。

【分析】 在该 PLC 的控制系统中，为了方便系统调试，故障信号可以用一个开关 K 的闭合和断开来模拟故障信号的有和无。

1. 分配 PLC I/O 点

根据项目的控制要求，按钮和故障信号应该接入 PLC 的输入端，而指示灯是被控对象，应该接在 PLC 的输出端，本系统的 I/O 分配如表 4-5 所示。

表 4-5 系统 I/O 分配表

输入/输出类别	元件名称/符号	I/O 地址
输入	系统启动按钮 SB0	I0.0
	系统停止按钮 SB1	I0.1
	故障复位按钮 SB2	I0.2
	故障信号模拟开关 K	I0.3
输出	系统运行指示灯 L1	Q0.0
	故障指示灯 L2	Q0.1

2. 绘制硬件电路图

根据表 4-5 所示的系统 I/O 分配表绘制出系统的 PLC 控制电路图如图 4-25 所示。

输入端的电源可以使用 PLC 模块自身对外提供的直流 24 V 电源,也可以选用外部直流 24 V 电源。指示灯选用 DC 24 V 电源供电的指示灯。

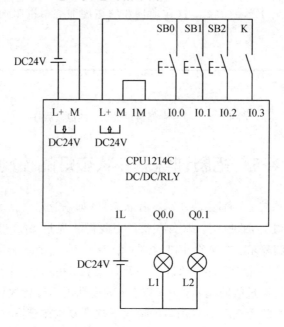

图 4 - 25 系统 PLC 控制电路图

3. 设计系统控制程序

为了帮助大家掌握编写梯形图的方法,我们将该系统的控制要求进行了分解,即对单个功能逐一实现,然后再合成完整的程序。

(1) 当按下启动按钮 SB0 时,系统运行指示灯 L1 点亮;当按下停止按钮 SB1 时,指示灯 L1 熄灭。梯形图电路如图 4 - 26 所示。本系统采用了典型的"启-保-停"电路。

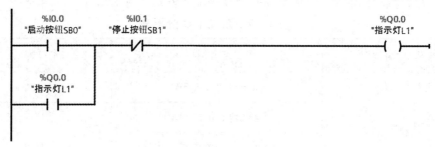

图 4 - 26 指示灯 L1 的控制梯形图

(2) 当故障信号产生(即 K 闭合)时,故障指示灯 L2 以 1 s 的周期闪烁,按下停止按钮 SB1 时,指示灯 L2 熄灭。这里 1 s 的周期性脉冲可以使用 1200 PLC 内部的 1 Hz 时钟 (M0.5)来实现,完成该功能的梯形图电路如图 4 - 27 所示。

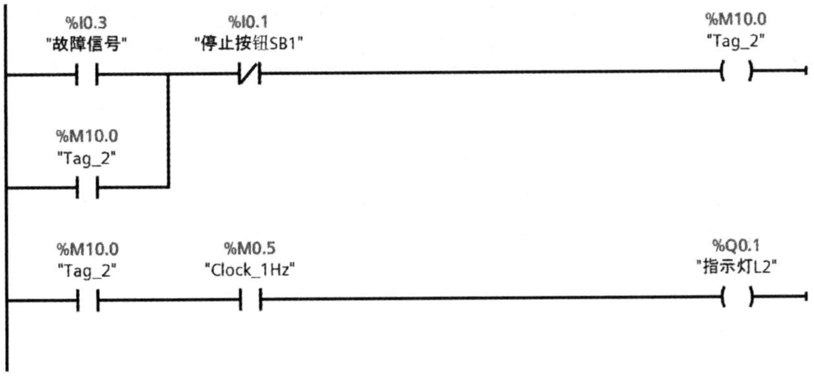

```
  %I0.3              %I0.1                                         %M10.0
 "故障信号"          "停止按钮SB1"                                  "Tag_2"
 ──┤├──────┬───────────┤/├───────────────────────────────────────( )──
           │
  %M10.0   │
  "Tag_2"  │
 ──┤├──────┘

  %M10.0             %M0.5                                         %Q0.1
  "Tag_2"            "Clock_1Hz"                                  "指示灯L2"
 ──┤├───────────────┤├────────────────────────────────────────────( )──
```

图 4-27　故障指示灯 L2 闪烁的控制梯形图

（3）当检修人员在故障信号没有消除的情况下按下复位键时，指示灯 L2 转为常亮状态。在任何情况下按下系统停止按钮时，指示灯 L2 熄灭，梯形图电路如图 4-28 所示。

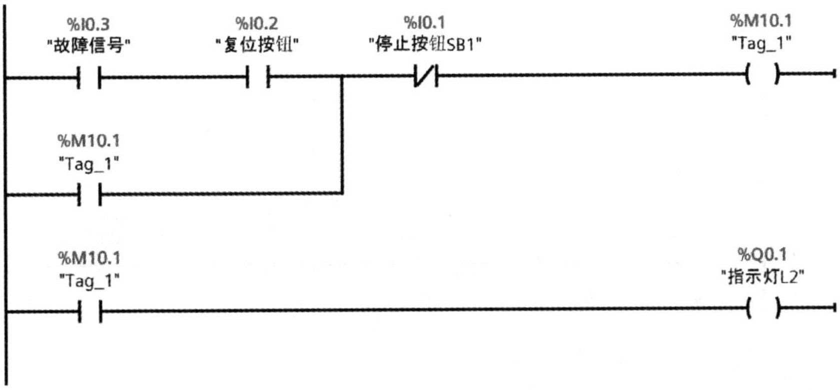

```
  %I0.3         %I0.2          %I0.1                              %M10.1
 "故障信号"     "复位按钮"      "停止按钮SB1"                       "Tag_1"
 ──┤├──────────┤├──────┬─────────┤/├────────────────────────────────( )──
                       │
  %M10.1               │
  "Tag_1"              │
 ──┤├──────────────────┘

  %M10.1                                                          %Q0.1
  "Tag_1"                                                        "指示灯L2"
 ──┤├──────────────────────────────────────────────────────────────( )──
```

图 4-28　故障指示灯 L2 常亮的控制梯形图

（4）当检修人员在故障信号消除后按下复位按键时，指示灯 L2 熄灭。梯形图电路如图 4-29 所示，即当检修人员在故障信号消除后按下复位按键时产生的结果锁存在 M10.2 这个位中，然后将 M10.2 的常闭触点串联在 Q0.1 线圈所在的电路中（见图 4-30）。

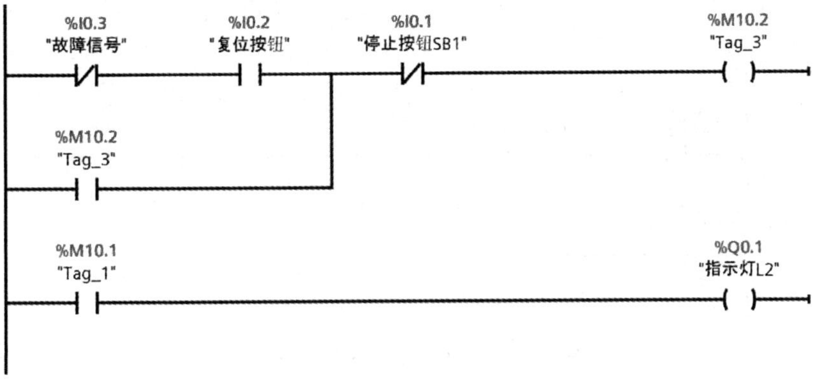

```
  %I0.3         %I0.2          %I0.1                              %M10.2
 "故障信号"     "复位按钮"      "停止按钮SB1"                       "Tag_3"
 ──┤/├──────────┤├──────┬─────────┤/├────────────────────────────────( )──
                       │
  %M10.2               │
  "Tag_3"              │
 ──┤├──────────────────┘

  %M10.1                                                          %Q0.1
  "Tag_1"                                                        "指示灯L2"
 ──┤├──────────────────────────────────────────────────────────────( )──
```

图 4-29　故障指示灯 L2 熄灭的控制梯形图

　　至此,系统中各功能均已单独实现,如果要进行完整控制系统程序的设计,还需要将上面的程序段进行整合和优化,不能出现双线圈的现象。整合和优化后的完整梯形图如图 4 - 30 所示。

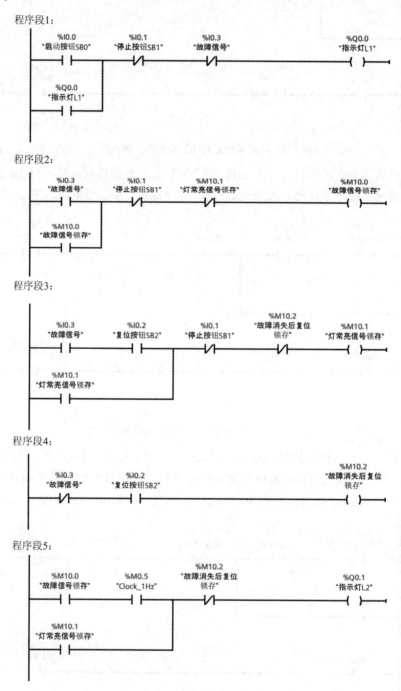

图 4 - 30　优化后的完整控制梯形图

　　【注意】　故障指示灯 L2 以 1 s 的周期闪烁,使用西门子 S7-1200 PLC 内部时钟存储器位 M0.5 来实现,硬件组态时需要在时钟存储器位中勾选"启用时钟存储器字节"才起作用。

项目 5　风机的 Y/△ 启动控制

知识目标

(1) 熟悉 S7-1200 PLC 中定时器的分类;

(2) 掌握 S7-1200 PLC 中定时器的指令及其应用。

技能目标

(1) 学会选用不同定时器实现定时功能;

(2) 学会搭接三相交流异步电动机 Y/△ 降压启动控制的硬件电路;

(3) 学会编写三相交流异步电动机 Y/△ 降压启动控制程序并对程序进行调试。

5.1　项　目　描　述

风机作为一种将机械能转化为可以输送的气体,并且给气体增加能量原动机,已被广泛用于工厂、矿井、隧道和建筑物的通风、排尘、锅炉和工业炉窑的通风和引风等。在实际使用过程中,功率为 11 kW 及以上的电动机就需要采用 Y/△ 降压方式启动。

Y/△ 降压启动,即在电动机启动时,把定子绕组接 Y 连接方式,起到降低启动电压的作用。当电动机的转速升高到额定转速时,再将电动机绕组改成 △ 连接方式,实现全压运行。对于电动机在正常运行时定子绕组接成 △ 连接方式的三相鼠笼型异步电动机,可采用 Y/△ 降压启动方式来限制启动电流。

现对车间的一台风机进行控制,要求采用 Y/△ 降压方式启动控制,Y/△ 切换时间为 6s。用继电器/接触器实现的控制电路图如图 5 - 1 所示,其中 KM1 用于接通电机工作电源的交流接触器,KM2 用于实现电机绕组 △ 连接的交流接触器,KM3 用于实现电机绕组 Y 连接的交流接触器,KT 用于定时用的时间继电器。该电路的控制过程为闭合低压断路器 QS,按下启动按钮 SB1,KM1 线圈得电并自锁,KM3 线圈同时得电,电动机 M 以 Y 连接降压方式启动,与此同时时间继电器 KT 线圈也得电并开始定时,当计时达到设定时间时,其常闭触点断开,常开触点闭合,从而使 KM3 线圈失电,KM2 线圈得电并自锁,实现了 Y 连接到 △ 连接的切换,电动机以 △ 连接方式运行。当按下停止按钮 SB2 时,KM1 和 KM2 线圈同时失电,电动机停止运转。且电路设有防电源短路和过载保护功能。

现要求对电路进行 PLC 控制改造,同样 PLC 电路也需要设有防电源短路和过载保护功能。相比电动机正反转控制,该电路中增加了时间继电器 KT,实现了定时功能,而在 PLC 控制电路中,定时功能该如何来实现呢?接下来请大家跟我一起来学习 PLC 内部的一个软元件——定时器。

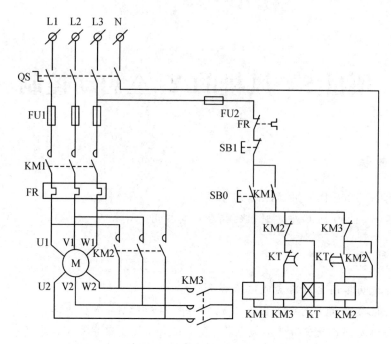

图 5-1　继电器/接触器控制电动机 Y/△降压启动

5.2　知 识 链 接

5.2.1　S7-1200 PLC 中定时器的分类

S7-1200 PLC 提供了 4 种类型的定时器:通电延时定时器(TON)、断电延时定时器(TOF)、保持型通电延时定时器(TONR)和脉冲定时器(TP)。这四种定时器都有两种类别:线圈型定时器和功能框型定时器。如图 5-2 所示,定时器操作栏中的前 4 个为功能框型定时器,后 4 个为线圈型定时器。功能框型定时器的梯形图符号如表 5-1 所示。

名称	描述
▼ **基本指令**	
▶ 🗀 常规	
▶ 🔳 位逻辑运算	
▼ ⏱ 定时器操作	
⏱ TP	生成脉冲
⏱ TON	接通延时
⏱ TOF	关断延时
⏱ TONR	时间累加器
⏻ -(TP)-	启动脉冲定时器
⏻ -(TON)-	启动接通延时定时器
⏻ -(TOF)-	启动关断延时定时器
⏻ -(TONR)-	时间累加器

图 5-2　功能框型和线圈型定时器

表 5-1　各类定时器的梯形图符号

定时器类型	通电延时定时器（TON）	断电延时定时器（TOF）	保持型通电延时定时器（TONR）	脉冲定时器（TP）
功能框型定时器				
线圈型定时器				

　　S7-1200 PLC 定时器指令采用 IEC 标准，使用 16 字节的 IEC_Timer 数据类型的 DB 块来存储定时器指令的数据。定时器没有编号，名称可以由用户定义，在用户程序中可使用的定时器数量仅受 PLC 的 CPU 存储器容量限制。在博途平台中插入功能框型的定时器指令时，系统会自动创建对应的 DB 数据块；如果使用线圈型定时器时，需要用户在程序块中建立 DB 数据块。

　　S7-1200 PLC 各定时器指令中的端子（或称参数）为 IN、PT、ET、Q 和 R，初学者应该掌握这些参数的作用以及其对应的数据类型，当在使用时才不会出错。各端子（参数）的说明见表 5-2。

表 5-2　定时器指令中各端子（参数）说明

端子（参数）	作　用	数据类型
IN	使能输入端，定时器的启动信号： （1）在 TON、TONR 和 TP 定时器中，当 IN 从"0"变为"1"时启动定时； （2）在 TOF 定时器中，当 IN 从"1"变为"0"时启动定时	BOOL
PT	定时时间的预置值	Time
ET	记录定时器启动定时后的当前时间值	Time/LTime
Q	定时器的输出端： （1）在 TON、TONR 和 TP 定时器中，ET 等于 PT 时置位 Q（即 Q=1）； （2）在 TOF 定时器中，ET 等于 PT 时复位 Q（即 Q=0）	BOOL
R	保持型通电延时定时器（TONR）的复位信号	BOOL

【讨论】 使用线圈型定时器时用户如何在程序块中建立 DB 数据块?

线圈型定时器需要先建 DB 数据块,然后才能在程序中使用,下面以通电延时定时器(TON)为例讲述操作步骤。

(1)在"项目树"中双击"添加新块",弹出的对话框如图 5-3 所示。选择第 4 项"DB 数据块",名称自己定义,如"A1",然后点"确定"。

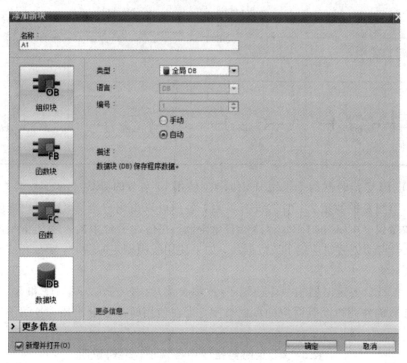

图 5-3　添加 DB 数据块

(2)增加定时器。在名称为"A1"的 DB 数据块中增加定时器 MT1,数据类型选择"IEC_TIMER",如图 5-4 所示。

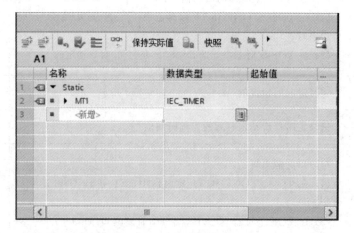

图 5-4　新增定时器

(3)新增多个定时器。如果需要在该 DB 数据块中新增多个定时器,如图 5-5 所示,将鼠标停在 MT1 所在框的右侧,则会出现"+",按住鼠标左键向下拖动鼠标,当新增定时器的个数满足要求后松开鼠标即可。

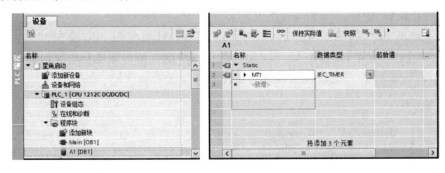

图 5-5　新增多个定时器

（4）调用定时器。打开右边的指令窗口，将"定时器操作"文件夹中的定时器指令拖到梯形图中指定的位置。鼠标左键双击该定时器指令上方的红色问号（指令操作数 2），单击方框右侧的符号 ⬚，在弹出的对话框中依次选择建好的 DB 数据块"A1"中的"MT1"，在指令下端的问号处（操作数 1）填写定时时间，格式设为"T#5S"。梯形图如图 5-6 所示。

```
      %M20.0                                    "A1".MT1
      "Tag_3"                                   ┌──TON──┐
   ───┤ ├─────────────────────────────────────( Time )
                                                └───────┘
                                                  T#10S
```

图 5-6　插入线圈型定时器的梯形图效果

【注意】　PT 为定时时间的预置值，数据类型为 32 位的 Time 值，最大定时时间为 T#24D_20H_31M_23S_647MS。其中，D、H、M、S 和 MS 分别表示天、小时、分钟、秒和毫秒。

5.2.2　通电延时定时器（TON）

通电延时定时器（TON）的工作原理：当使能输入端 IN 由断开变为接通时（即 IN 从"0"变为"1"时，即信号的上升沿），启动定时器开始定时；当 ET 等于 PT 时，输出 Q 由"0"变为"1"，ET 值立即停止增加并保持；在任意时刻，只要 IN 端失电，定时器便停止计时，ET 复位为"0"，输出 Q 复位为"0"，其工作时序图如图 5-7 所示。下面举例来介绍通电延时定时器（TON）的应用。

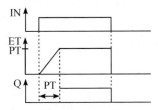

图 5-7　TON 的工作时序图

【**例 5 - 1**】　请设计控制程序,实现按下启动按钮 SB0,5 s 后系统工作指示灯 L0 被点亮,按下停止按钮 SB1,指示灯 L0 熄灭。

分析:这里 PLC 选用 CPU1214C DC/DC/RLY,启动按钮 SB0 接在 I0.0,停止按钮 SB1 接在 I0.1,指示灯 L0 接在 Q0.0,定时器选用功能框型的通电延时定时器(TON)。控制程序如图 5-8 所示。图 5-9 为波形图。

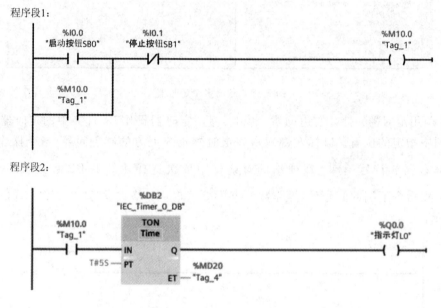

图 5-8　例 5-1 控制程序

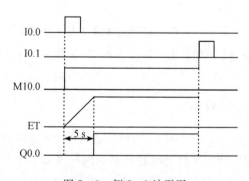

图 5-9　例 5-1 波形图

工作过程为:当 I0.0 闭合时,M10.0 线圈得电并自锁,程序段 2 中的 M10.0 常开触点闭合,启动定时器开始定时。因 PT 端设置的定时时间为 5 s,故当计时到 5 s 时(即 ET=5 s 时便保持),则 Q0.0 线圈得电,指示灯 L0 点亮。在任何时刻按下 SB1,M10.0 线圈失电,定时器使能端 IN 失电,定时器复位,Q 值为"0",则 Q0.0 线圈失电,工作指示灯 L0 熄灭。

5.2.3　断电延时定时器(TOF)

断电延时定时器(TOF)的工作原理:当使能输入端 IN 接通时(IN 从"0"变为"1",即信号的上升沿),输出 Q 为"1"状态,ET 值被清零。在 IN 信号断开时(IN 从"1"变为"0",即信号的下降沿），启动定时器开始定时；当 ET 等于 PT 时，输出 Q 变为"0"，ET 值保持不变，直到下一次使能输入端 IN 再接通时，ET 被清零，其工作波形图如图 5-10 所示。下面举例来介绍断电延时定时器（TOF）的应用。

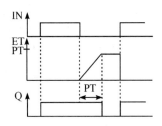

图 5-10　TOF 的工作波形图

【例 5-2】　请设计控制程序，实现在闭合开关 K0 时，系统工作指示灯 L0 被点亮；断开 K0，5 s 后指示灯 L0 熄灭。

分析：这里 PLC 选用 CPU1214C DC/DC/RLY，开关 K0 接在 I0.0，指示灯 L0 接在 Q0.0，定时器选用功能框型的断电延时定时器（TOF）。PLC 控制程序如图 5-11 所示。图 5-12 为波形图。工作过程为：当闭合 K0 时，I0.0 常开触点闭合，定时器输出 Q 为"1"，Q0.0 线圈得电，指示灯 L0 点亮；当断开 K0 时，在 I0.0 常开触点断开的瞬间，启动定时器开始定时，当计时到 5 s 时（即 ET=5 s 时便保持），输出 Q 复位为"0"，Q0.0 线圈失电，指示灯 L0 熄灭。

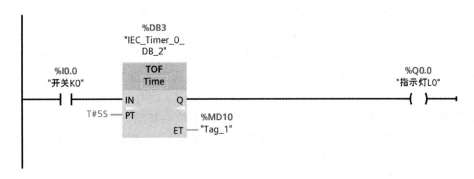

图 5-11　例 5-2 控制程序

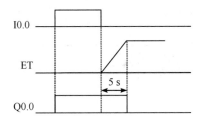

图 5-12　例 5-2 波形图

5.2.4　保持型接通延时定时器(TONR)

保持型接通延时定时器(TONR)的工作原理：当使能输入端 IN 由断开变为接通时(即 IN 从"0"变为"1")，启动定时器开始定时；当 IN 端信号断开时，定时器停止计时，当 IN 端信号再次接通时，继续在上一次计时时间值的基础上累加，当累加的时间值 ET 等于预置值 PT 时，则输出 Q 为"1"状态。而后即使 IN 端信号状态从"1"变为"0"，Q 参数仍将保持置位为"1"。只有当复位端 R 接通时，定时器复位，输出 Q 才会复位为"0"，ET 清零。其工作波形图如图 5 - 13 所示。下面举例来介绍断电延时定时器(TOF)的应用。

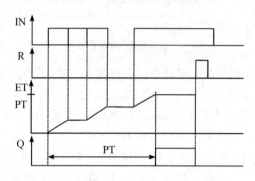

图 5 - 13　TONR 的工作波形图

【例 5 - 3】　请设计控制程序，实现开关 K0 闭合断开多次，当闭合时间累计达到 15 s 时，指示灯 L0 被点亮。在按下复位按钮 SB0 时，指示灯 L0 熄灭。

分析：这里 PLC 选用 CPU1214C DC/DC/RLY，开关 K0 接在 I0.0，复位按钮 SB0 接在 I0.1，指示灯 L0 接在 Q0.0，定时器选用功能框型的保持型接通延时定时器(TONR)。控制程序如图 5 - 14 所示。图 5 - 15 为时序图。工作过程为开关 K0 首次闭合时，I0.0 常开触点闭合，启动定时器定时并计时，一段时间后 K0 断开，此时定时器的 ET 会保持而不被清零；当开关 K0 再次闭合时，定时器的 ET 值在原有值的基础上累加计时，当累加计时达到 15 s 后，定时器输出 Q 为"1"，Q0.0 线圈得电，指示灯 L0 点亮。按下复位按钮 SB0，定时器复位端 R 接通，定时器复位，Q0.0 线圈失电，指示灯 L0 熄灭。

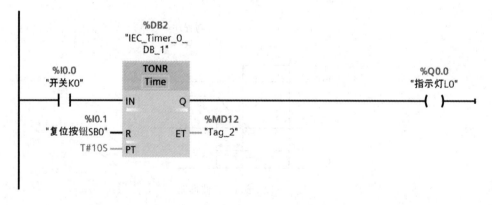

图 5 - 14　例 5 - 3 控制程序

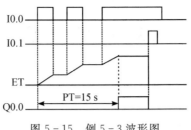

图 5-15　例 5-3 波形图

5.2.5　脉冲定时器(TP)

脉冲定时器(TP)的工作原理：当使能输入端 IN 由断开变为接通时(IN 从"0"变为"1"，即信号的上升沿)，启动定时器开始定时，Q 输出变为"1"状态，开始输出脉冲。当前时间 ET 从 0 开始不断增大，达到 PT 预设的时间时，Q 输出变为"0"状态。在脉冲输出期间，即使 IN 输入出现下降沿和上升沿，也不会影响脉冲的输出，其工作波形图如图 5-16 所示。下面举例来介绍脉冲定时器(TP)的应用。

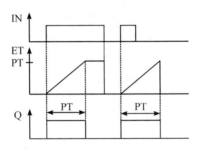

图 5-16　TP 的工作波形图

【例 5-4】　请设计控制程序，实现按下启动按钮 SB0，指示灯 L0 被点亮，10 s 后指示灯 L0 自动熄灭。

分析：这里 PLC 选用 CPU1214C DC/DC/RLY，启动按钮 SB0 接在 I0.0，指示灯 L0 接在 Q0.0，定时器选用功能框型的脉冲定时器(TP)。控制程序如图 5-17 所示。图 5-18 为时序图。工作过程为当启动按钮 SB0 被按下时，I0.0 常开触点闭合，定时器启动并开始计时，且 Q0.0 线圈得电，L0 点亮。定时时间 10 s 到，Q0.0 线圈失电，指示灯 L0 熄灭。

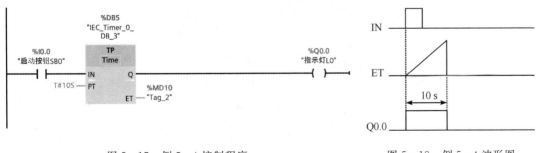

图 5-17　例 5-4 控制程序　　　　　　　　　　图 5-18　例 5-4 波形图

5.3 项目实施

5.3.1 硬件电路设计与搭建

1. 分配 PLC I/O 点

根据项目描述要实现风机 Y/△降压起动的控制要求，控制系统的输入信号有 3 个：启动按钮 SB0、停止按钮 SB1 和热继电器 FR 信号；输出信号需要控制的对象有 3 个：交流接触器 KM1、KM2 和 KM3 的线圈。本项目 PLC 的 I/O 配置如表 5-3 所示。选用 CPU1214C DC/DC/RLY 型 PLC。

表 5-3　风机 Y/△降压启动控制的 I/O 分配表

输入/输出类别	元件名称/符号	I/O 地址
输入	启动按钮 SB0	I0.0
	停止按钮 SB1	I0.1
	热继电器 FR	I0.2
输出	电源接触器 KM1 线圈	Q0.0
	KM2 线圈(△连接)	Q0.1
	KM3 线圈(Y 连接)	Q0.2

2. 绘制硬件电路图

实现风机 Y/△降压启动的 PLC 控制电路图如图 5-19 所示，图中 PLC 输入端的电源使用的是 PLC 模块自身对外提供的直流 24 V 电源，也可以选用外部直流 24 V 电源。为了避免因接触器故障而造成电源短路故障，所以在 PLC 控制电路中，交流接触器 KM2 和 KM3 线圈所在的支路中均串接了对方的辅助常闭触点。

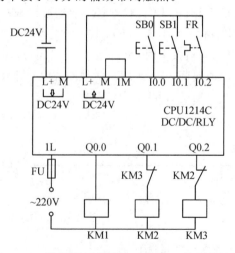

图 5-19　风机 Y/△降压启动的 PLC 控制电路图

3. 搭建硬件电路

根据图 5-19 所示搭建风机 Y/△ 降压启动的硬件电路。

5.3.2　控制程序设计

本系统控制要求为闭合主电路中低压断路器 QS，按下启动按钮 SB1，交流接触器 KM1 线圈得电并自锁，KM3 线圈同时得电，电动机 M 以 Y 连接方式降压启动，6 s 后 KM3 线圈失电，KM2 线圈得电，电动机实现了 Y 连接到△连接的切换，电动机开始以△连接方式运行。按下停止按钮 SB2，KM1 和 KM2 线圈同时失电，电动机停止运转。电路设有防电源短路和过载保护功能。

分析： 在控制系统中，6 s 的定时器可以选择 S7-1200 PLC 内部的定时器，梯形图程序如图 5-20 所示。该控制程序采用了典型的"启-保-停"电路来实现的。程序段 2 中串接了 Q0.1 的常闭触点，而在程序段 3 中串接了 Q0.2 的常闭触点，它们的作用是实现互锁，保证了△连接 KM2 和 Y 连接 KM3 的两个交流接触器线圈不会同时得电，从而避免主电路中出现电源短路的故障。

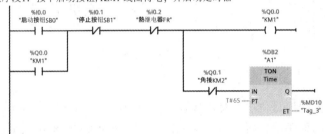

图 5-20　风机 Y/△ 降压启动控制梯形图

【讨论】 图 5-20 所示的程序中，星接和角接接触器 KM2 和 KM3 的主触点动作几乎是同时发生的，如果接触器使用的时间较长，则会导致触点动作不灵敏，或在接触器主触点断开时触点处会产生电弧，则可能会发生三相电源短路的故障。请你与同学讨论可以用什么办法来解决此问题。

5.3.3　系统运行与调试

1. PLC 硬件组态

1) 创建新项目

打开博途平台，创建新项目，项目命名为"电动机 Y/△降压启动控制"，并保存项目。

2) 添加 CPU 模块

在项目视图中的项目树设备栏中，双击"添加新设备"，添加模块 CPU1214C DC/DC/RLY。

2. 编辑变量表

按图 5 - 21 所示编辑本项目的变量表。

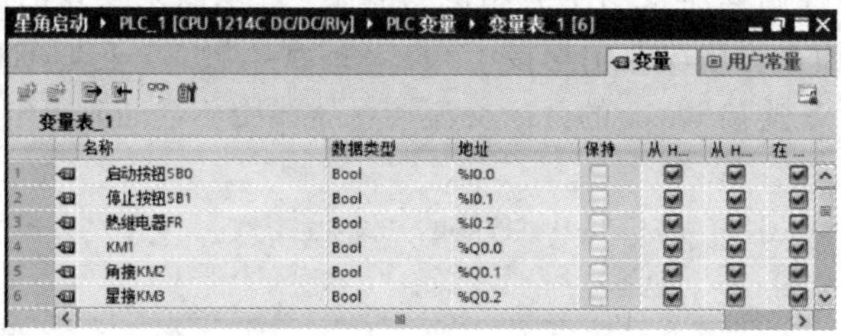

图 5 - 21　PLC 变量表

3. 录入程序

在项目视图左侧的项目树中，展开"PLC_1"→"程序块"，双击 Main【OB1】，打开主程序块 OB1。在打开的程序编辑器窗口中输入图 5 - 20 所示的梯形图。具体操作步骤可以参考项目 4 中的相关内容。

4. 编译与下载

程序录入后进行编译，编译通过后进行程序下载，具体操作步骤可以参考项目 4 中的相关内容。

5. 运行监视

单击程序编辑器中工具栏的"启用/禁用监视"图标按钮，进入程序运行监视状态。

6. 系统调试及结果记录

断开主电路中的空气开关 QS，先调试控制电路，同时结合程序监控界面观察程序的运行情况。当按下启动按钮 SB0 时，观察交流接触器 KM1 和 KM3 是否吸合，此时定时器是否开始计时。当定时器计时 6 s 时，观察交流接触器 KM3 是否断开，交流接触器 KM2 是否吸合。再按下停止按钮 SB1，观察交流接触器 KM1 和 KM2 是否断开。如果上述动作都符合系统要求，则控制电路调试成功。

合上主电路中的空气开关 QS，进行主控电路的联合调试。控制系统正常的工作过程应为按下启动按钮 SB0，交流接触器 KM1 线圈得电，其常开主触点闭合，接通电动机工作电源；与此同时，KM3 线圈得电，其常开主触点闭合，电动机定子绕组以 Y 连接方式启动运行。当定时器计时 6 s 时，交流接触器 KM3 断开，KM2 吸合，电动机定子绕组连接方式由

Y 连接切换至△连接方式,电动机全压运行。在电动机全压运行期间,按下停止按钮 SB1,交流接触器 KM1 和 KM2 线圈同时失电,电动机停止运行。

根据表 5-4 中的步骤进行系统操作,观察系统运行状况,并将相关结果记录在表中。

表 5-4　调试结果记录表

步骤	操作	Q0.0(得电/失电)	KM1（得电/失电）	Q0.1(得电/失电)	KM2（得电/失电）	Q0.2(得电/失电)	KM3（得电/失电）
1	按下启动按钮 SB0						
2	6 s 时间到						
3	按下停止按钮 SB1						

5.3.4　项目评价

内容	评分点	配分	评分标准	自评	互评	师评
系统硬件电路设计 10 分	元器件的选型	5	元器件选型合理；能很好地掌握元器件型号的含义；遵循电气设计安全原则			
	电气原理图的绘制	5	电路设计规范,符合实际工程设计要求；电路整体美观,图形符号规范、正确,错 1 处扣 1 分			
硬件电路搭建 25 分	布线工艺	5	能按控制要求合理走线,且能考虑最优的接线方案,节约使用耗材。符合要求得 5 分,否则酌情扣分			
	接线头工艺	10	连接的所有导线,必须压接接线头,不符合要求扣 1 分/处；同一接线端子超过两个线头、露铜超 2 mm,扣 1 分/处；符合要求得 10 分			
	硬件互锁	5	硬件电路接线有正反转互锁连线得 5 分			
	整体美观	5	根据工艺连线的整体美观度酌情给分,所有接线工整美观得 5 分			
系统功能调试 45 分	Y 接启动实现	20	按下启动按钮 SB0,交流接触器 KM1 和 KM3 同时吸合,并自锁得 10 分,电动机能 Y 接启动得 5 分；定时器开始计时得 5 分			
	Y/△切换实现	20	6 s 计时到 KM3 断开、KM2 吸合,顺利实现 Y-△切换得 10 分；按下停止按钮 SB1,电动机停止运转得 10 分			
	软件互锁	5	程序设计中增加了 Q0.1 和 Q0.2 的互锁触点得 5 分			

续表

内容	评分点	配分	评分标准	自评	互评	师评
职业素养 与 安全意识 20 分	工具摆放	5	保持工位整洁，工具和器件摆放符合规范，工具摆放杂乱，影响操作，酌情扣分			
	团队意识	5	团队分工合理，有分工有合作			
	操作规范	10	操作符合规范，未损坏工具和器件，若因操作不当，造成器件损坏，该项不得分			
	创新加分	5				
得　分						

5.4　知识延伸——不同电压等级负载的接线

现要求在风机 Y/△降压启动控制系统中增加两个指示灯，分别是星形连接 KM3 工作指示灯 L1 和三角形连接 KM2 工作指示灯 L2。从安全用电角度考虑，我们选用 DC 24 V 的工作指示灯，PLC 选择 CPU1214C DC/DC/RLY。那么该如何设计系统的 PLC 控制电路呢？

【提示】西门子 CPU1214C DC/DC/RLY 的输出端子有 10 个(地址一般为 Q0.0～0.7、Q1.0 和 Q1.1)，分成 a、b 两组，其公共端分别为 1L 和 2L。a 组占 8 个输出端子(Q0.0～0.7)，b 组占 2 个输出端子(Q1.0、Q1.1)。对于继电器型的 PLC，其输出点的使用必须遵循"不同电压等级的负载应该分别接入不同的输出端子组"的原则，Y/△降压启动控制系统中的被控对象交流接触器线圈和工作指示灯的工作电压不同，因此应该分别接入 PLC 的不同输出组。前面我们已经把 KM1、KM2 和 KM3 分别接在了 Q0.0、Q0.1 和 Q0.2 三个输出端子上，那么工作指示灯 L1 和 L2 就只能接入 PLC 的 b 组输出端子 Q1.0 和 Q1.1 上，如图 5-22 所示。

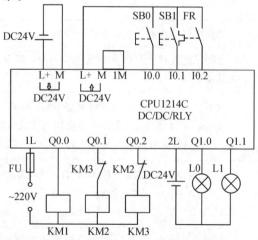

图 5-22　带工作指示灯的风机 Y/△降压启动 PLC 控制电路图

5.5　拓展训练——搅拌机的双速控制

某液体混料搅拌机由一台双速电动机驱动，现要求用 PLC 实现对搅拌机的控制。

1. 认识双速电机

双速电动机指的是有两种运行速度的电机，也是一种变极调速的异步电动机。由电动机转速公式 $n = \dfrac{60f}{p}$ 可知，异步电动机的同步转速 n 与磁极对数 p 成反比，因此通过改变电动机定子绕组的连接方法来改变定子旋转磁场的磁极对数 p，从而可以改变电动机转速 n。改变磁极对数 p 的方法是将电动机定子每相绕组分成两部分，如图 5-23 所示。然后通过外部电路的连接实现 Y 连接到双 Y 连接（Y/YY）的切换，或者△连接到双 Y 连接（△/YY）的切换。图 5-24 所示为双速电动机定子绕组的接线图。图(a)为△连接，图(b)为 Y 连接，图(c)为 YY 连接。

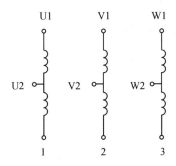

图 5-23　双速电动机定子绕组结构图

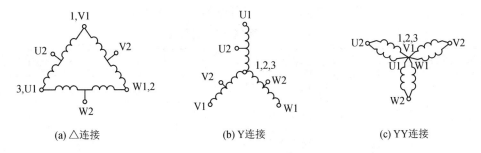

(a) △连接　　　　　　　(b) Y 连接　　　　　　　(c) YY 连接

图 5-24　双速电动机定子绕组的接线图

当采用 Y 连接或△连接时电动机处于低速运行时；连接方式切换至 YY 连接时电动机切换至高速运行。Y/YY 变极调速被广泛应用在起重电动葫芦和运输传送带中，而△/YY 变极调速则被应用在各种机床的粗加工和精加工中。

2. 双速电动机 PLC 控制

下面以△/YY 变极调速为例，分析用 PLC 实现双速电动机△/YY 变极调速控制。双速电动机△/YY 调速主电路如图 5-25 所示，要求选用 PLC 作为控制器实现如下控制：系统控制面板设有 3 个控制按钮(低速按钮 SB1、高速按钮 SB2 和停止按钮 SB3)和一个手动/自动切换开关 K。系统分手动控制和自动控制两种模式,在手动模式下,按下按钮 SB1,KM1 主触点闭合,双速电机△连接低速运行;按下按钮 SB2,KM2 和 KM3 主触点闭合,双速电动机切换为 YY 连接高速运行,且低速和高速运行可以用 SB1 和 SB2 实现切换,按下停止按钮 SB3,双速电动机停止运行。在自动模式下,按下按钮 SB1,KM1 主触点闭合,双速电机△连接低速运行,10 s 后 KM2 和 KM3 主触点闭合,双速电动机切换为 YY 连接高速运行,按下停止按钮,双速电动机停止运行。

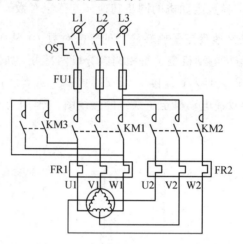

图 5-25　双速电动机△/YY 调速主电路

1) 分配 PLC I/O 点

根据项目的控制要求,本系统所需的 I/O 点数为 7 个输入和 3 个输出点,由于 KM2 和 KM3 的动作是一致的,因此将二者的线圈并联连接,用 PLC 的一个输出点来控制,这样就可以节约一个 PLC 的输出点。本系统的 I/O 分配如表 5-5 所示。

表 5-5　系统 I/O 分配表

输入/输出类别	元件名称/符号	I/O 地址
输入	低速按钮 SB0	I0.0
	高速按钮 SB1	I0.1
	停止按钮 SB2	I0.2
	转换开关 SA 手动挡	I0.3
	转换开关 SA 自动挡	I0.4
	热继电器 FR1	I0.5
	热继电器 FR2	I0.6
输出	△连接接触器 KM1	Q0.0
	YY 连接接触器 KM2、KM3	Q0.1

2）绘制硬件电路图

根据 I/O 分配表绘制出系统的 PLC 控制电路图如图 5-26 所示。输入端的电源可以使用 PLC 模块自身对外提供的直流 24 V 电源。

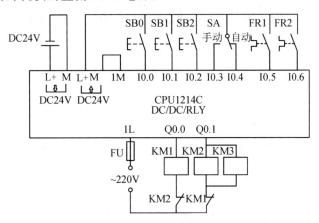

图 5-26　系统 PLC 控制电路图

3）设计系统控制程序

根据本项目的控制要求，结合系统 PLC 的 I/O 分配表和控制电路图，设计出实现双速电动机△/YY 调速控制的梯形图如图 5-27 所示。

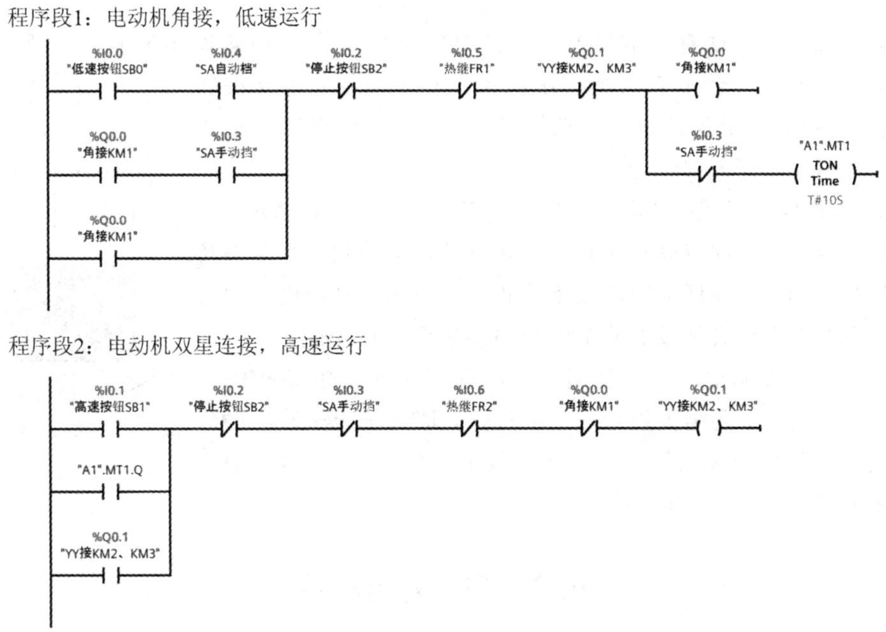

程序段1：电动机角接，低速运行

程序段2：电动机双星连接，高速运行

图 5-27　双速电动机控制梯形图

项目 6　混 料 泵 控 制

知识目标

(1) 熟知 S7-1200 PLC 中计数器的分类;

(2) 掌握 S7-1200 中计数器(CTU、CTD、CTUD)指令及其应用。

技能目标

(1) 能独立搭建混料泵控制的硬件线路;

(2) 能设计出混料泵控制的 PLC 程序;

(3) 能按规定完成系统通电测试以及进行系统故障检测。

6.1　项目描述

某食品加工企业现有一混料装置,其混料泵由一台三相交流异步电动机驱动,如图 6-1 所示。已知操作台上有两个按钮:启动按钮 SB0 和停止按钮 SB1。实现的控制要求为按下启动按钮 SB0,三相交流异步电动机驱动搅拌器械正向运转 8 s,停止 2 s,再反向运转 8 s,停止 2 s,一次完整的正转-停止-反转-停止动作为一个周期,如此不断循环。当完成 5 次循环后,自动点亮指示灯 L,电动机自动停机,系统等待下一轮搅拌的指示。在任何时刻按下停止按钮 SB1,电动机必须立即停机。要求该系统必须设有防电源短路和过载保护功能。

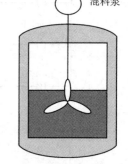

图 6-1　混料装置示意图

根据本系统控制要求,该控制系统中除了要实现电动机的正反转运动控制之外,还需要进行周期的计数,那么正-停-反-停循环运动周期的计数功能该如何来实现呢? 接下来学习 PLC 内部的另一个重要的软元件——计数器。

6.2　知 识 链 接

6.2.1　S7-1200 PLC 中计数器的分类

S7-1200 PLC 中的计数器为 IEC 计数器,有 3 种类型:加计数器(CTU)、减计数器(CTD)和加减计数器(CTUD),如图 6-2 所示。用户程序中可以使用的计数器数量仅受 PLC 的 CPU 存储

▼ +1 计数器操作	
CTU	加计数
CTD	减计数
CTUD	加减计数

图 6-2　计数器的种类

容量的限制。计数器的最大计数速率受到它所在 OB 的执行速率的限制。如果需要速度更高的计数器，可以在 CPU 内置高速计数器。表 6 - 1 所示为各计数器对应的梯形图符号。

表 6 - 1　各类计数器的梯形图符号

计数器类型	加计数器 （CTU）	减计数器 （CTD）	加减计数器 （CTUD）
梯形图符号	CTU ??? — CU　Q — R　CV — PV	CTD ??? — CD　Q — LD　CV — PV	CTUD ??? — CU　QU — CD　QD — R　CV — LD — PV

计数器指令的数据类型有 Int、SInt、DInt、USInt、UInt 和 UDInt 等。如图 6 - 3 所示，从指令框 **???** 处的下拉列表中选择指令的数据类型。不同数据类型计数器的计数范围不同，如数据类型 Int(有符号 16 位整数)，其计数范围为 $-32\,768 \sim 32\,767$。

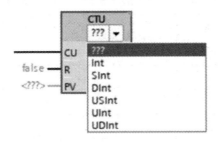

图 6 - 3　计数器指令的数据类型

在博途平台中插入计数器指令时，系统会自动创建对应的 DB 数据块，即弹出如图 6 - 4 所示的对话框。可以在名称栏里根据需要来命名计数器的名称，如"C0"，也可以选择默认名称，然后点击"确定"。

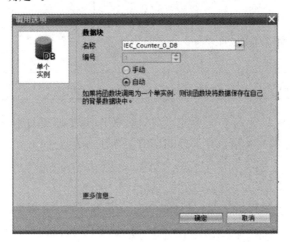

图 6 - 4　计数器指令对应的 DB 数据块

创建好的 DB 数据块可以在"系统块"目录下的"程序资源"子项中查看,如图 6-5 所示。

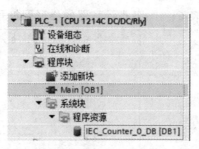

图 6-5　查看调用计数器指令时创建的 DB 数据块

S7-1200 PLC 各计数器指令的端子(或称参数)有 IN、PT、ET、Q 和 R,初学者应该掌握这些参数的作用以及其对应的数据类型,在使用时才不会出错。各端子(参数)的说明如表 6-2 所示。各个参数变量均可以采用 I(仅用于输入变量)、Q、M、D 和 L 存储区进行存储。

表 6-2　计数器指令中各端子(参数)说明

端子	作　　用	数据类型
CU	加计数脉冲输入	BOOL
CD	减计数脉冲输入	BOOL
R	复位计数器控制	BOOL
LD	预设值的装载控制	BOOL
PV	预设值/置位输出 Q 的值/CV 的目标值	Int, SInt, DInt, USInt, UInt, UDInt
Q	计数状态:当 CV 大于或等于 PV 后置位 Q(即 Q=1),反之 Q 为"0"	BOOL
QU	加计数状态:当 CV 大于或等于 PV,QU 为 "1"。反之为"0"	BOOL
QD	减计数状态:当 CV 小于或等于 0,QD 为"1"反之为"0"	BOOL
CV	当前计数值	Int, SInt, DInt, USInt, UInt, UDInt

【注意】　如果 CV 端要写存储单元地址,其数据类型必须与指令的数据类型一致。如果要在 CV≥PV 时调用开关量点,可以调用背景数据块的 QU 点。

6.2.2　加计数器(CTU)

加计数器指令的应用梯形图及波形图如图 6-6 和图 6-7 所示。在加计数器第一次执行指令时,当前值 CV 会被清零。当接在复位输入端(R)的 I0.1 为"0"状态时,计数输入端(CU)的信号状态从"0"变为"1"(脉冲信号上升沿,即 I0.0 由断开变为接通),加计数器的当前值 CV 加 1,如再有脉冲输入时,CV 继续加 1,直到 CV 达到预设值 PV 时,输出 Q 被置"1"(Q0.0 线圈得电)，之后即使 CU 端还有脉冲输入，虽然 CV 值会继续加1，但输出 Q 将维持"1"状态不变。因此，当 CV 等于或大于预设值 PV 时，输出 Q 为"1"状态，反之为"0"状态。当复位输入 R 为"1"状态时，加计数器被复位，输出 Q 变为"0"状态，同时当前值 CV 被清零。

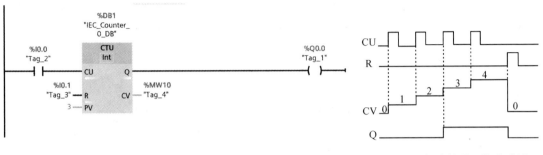

图 6-6　加计数器梯形图　　　　　　　图 6-7　加计数器工作波形图

6.2.3　减计数器(CTD)

减计数器指令的应用梯形图及波形图如图 6-8 和图 6-9 所示。在减计数器第一次执行指令时，当前值 CV 会被清零，输出 Q 为"1"状态，即 Q0.0 线圈得电。当接在装载输入端(LD)的 I0.1 为"1"状态时，输出 Q 被复位为"0"状态，并将预设的 PV 值装载入 CV。当 LD 保持"1"状态时，输入端 CU 即使有脉冲输入也不起作用。当 LD 为"0"状态时，计数输入端(CD)的信号状态从"0"变为"1"(脉冲信号上升沿，即 I0.0 由断开变为接通)，减计数器的当前值 CV 减1，再有脉冲输入时，CV 继续减1，直到 CV 等于 0 时，输出 Q 被置"1"，之后即使 CU 端还有脉冲输入，虽然 CV 的值会继续减1，但输出 Q 将维持"1"状态不变。

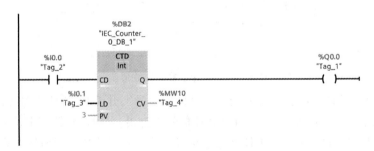

图 6-8　减计数器梯形图

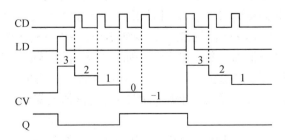

图 6-9　减计数器工作波形图

当 LD 再一次为"1"状态时,则重新装载 CV 值,输出 Q 变为"0"状态。因此,当 CV 等于或小于 0 时,输出 Q 为"1"状态,反之为"0"状态。

6.2.4　加减计数器(CTUD)

加减计数器指令的应用梯形图及波形图如图 6-10 和图 6-11 所示。在加减计数器第一次执行指令时,当前值 CV 会被清零,输出 Q 为"1"状态,即 Q0.0 线圈得电。

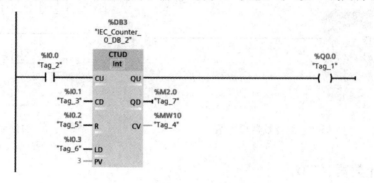

图 6-10　加减计数器梯形图

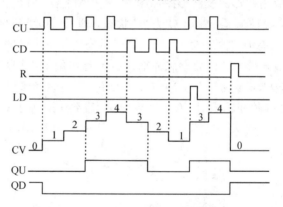

图 6-11　减计数器工作波形图

如果输入 CU 的信号状态从"0"变为"1"(脉冲信号上升沿),则计数器当前值 CV 加 1。如果输入 CD 的信号状态从"0"变为"1"(脉冲信号上升沿),则计数器当前值 CV 减 1。如果在一个程序周期内,输入 CU 和 CD 都出现信号上升沿,则计数器当前值 CV 保持不变。

当输入 LD 的信号状态变为"1"时,将输出 CV 的计数器值置位为参数 PV 的值。只要输入 LD 的信号状态保持为"1",则输入 CU 和 CD 的信号状态就不会影响该指令。

当输入 R 的信号状态变为"1"时,将计数器值复位为"0"。只要输入 R 的信号状态保持为"1",则输入 CU、CD 和 LD 信号状态的改变就不会影响"加减计数"指令。

可以在 QU 输出中查询加计数器的状态。如果当前计数器值 CV 等于或大于参数 PV 的值,则将输出 QU 的信号状态置位为"1"。在其他情况下,输出 QU 的信号状态均为 0。如图 6-11 所示,当 I0.0 接通 1 次,计数器则加 1,当值加至 CV≥3 时,Q0.0 线圈得电,否则 Q0.0 失电。

可以在 QD 输出中查询减计数器的状态。如果当前计数器值 CV 等于或小于 0,则 QD 输出的信号状态将置位为"1"。在任何情况下,输出 QD 的信号状态均为"0"。如图 6-9

所示，I0.1 接通 1 次，计数器则减 1，当值减至 CV≤0 时，M2.0 为"1"状态、反之 M2.0 为"0"状态。

【例 6-1】　某牛奶加工企业需要对盒装的牛奶进行装箱，要求每 12 盒牛奶装成一箱，请设计控制程序，实现当按下启动按钮 SB0 时，传送带开始运送盒装牛奶。在任何时刻按下停止按钮 SB2，传送带停止运行。当光电检测传感器 SQ 检测到牛奶盒数为 12 盒时，传送带停止运行，且指示灯 L 点亮。装箱完成后按下复位按钮 SB1，指示灯 L 熄灭，等待下一轮装箱。

分析：本例的重点是教会大家使用计数器，所以不进行电路设计，只列出 PLC 的 I/O 分配表，PLC 的 I/O 分配表如表 6-3 所示。PLC 选用 CPU1214C DC/DC/RLY，通过对系统控制要求的分析可知，PLC 输入端连接 4 个器件：启动按钮 SB0、停止按钮 SB2、检测传感器 SQ 和复位按钮 SB1；PLC 输出端的被控对象有 2 个：控制传送带启停的交流接触器 KM 线圈和指示灯 L（指示灯采用交流 220 V 工作电源）。

表 6-3　例 6-1 PLC 的 I/O 分配表

输入/输出类别	元件名称/符号	I/O 地址
输入（4 点）	启动按钮 SB0	I0.0
	复位按钮 SB1	I0.1
	停止按钮 SB2	I0.2
	传感器 SQ	I0.3
输出（2 点）	交流接触器 KM 线圈	Q0.0
	指示灯 L	Q0.1

本系统控制梯形图如图 6-12 所示，这里选用了加计数器（CTU）来实现计数。

程序段1：按下启动按扭，传送带运行

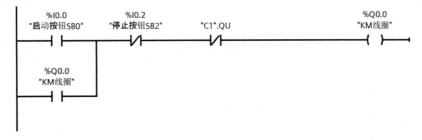

程序段2：计牛奶盒数量，计满12盒，指示灯亮

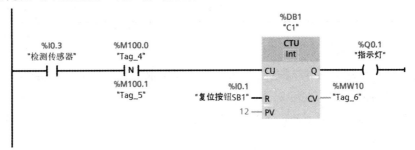

图 6-12　例 6-1 控制梯形图

程序段 1 为一个典型的启-保-停控制,这里的常闭触点"C1". QU 在计数器计数达到 12 时断开,传送带停止运行。程序段 2 中增加了一个下降沿触发指令——|N|——,即计数器在传感器信号 I0.3 的下降沿计数。当复位按钮 SB1 按下时,则计数器复位,Q0.1 失电,工作指示灯熄灭。

【思考】 编写实现该控制要求的梯形图不止以上方法,请同学们开动脑筋,你还能设计出实现该控制的其他程序吗?

6.3　项目实施

6.3.1　硬件电路设计与搭建

1. 分配 PLC I/O 点

根据本项目描述,要实现混料系统混料泵控制要求,控制系统的输入信号有 3 个:启动、停止和热继电器信号;输出信号需要控制的对象有 3 个:交流接触器 KM1、KM2 的线圈和循环运动周期结束指示灯 L。PLC 选取 CPU1214C DC/DC/RLY。

由于指示灯 L 采用 DC 24 V 电源供电,与交流接触器线圈的供电电源不同,因此我们进行 PLC 的 I/O 配置时要注意。对于继电器型的 PLC,其输出点的使用必须遵循"不同电压等级的负载应该分别接入不同的输出端子组"的原则。PLC 的 I/O 分配如表 6 - 4 所示。

表 6 - 4　PLC 的 I/O 分配表

输入/输出类别	元件名称/符号	I/O 地址
输入(3 点)	启动按钮 SB0	I0.0
	停止按钮 SB1	I0.1
	热继电器 FR	I0.2
输出(3 点)	KM1 线圈	Q0.0
	KM2 线圈	Q0.1
	指示灯 L	Q1.0

2. 绘制硬件电路图

实现混料泵系统 PLC 控制电路图如图 6 - 13 所示。图中 PLC 输入端的电源使用的是 PLC 模块自身对外提供的直流 24 V,也可以选用外部直流 24V 电源。由于循环运动周期结束指示灯 L 与交流接触器 KM1、KM2 的线圈的电压等级不同,将其接入了"2L"输出端子组中的 I1.0 端子。

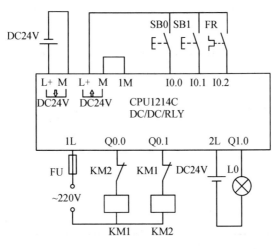

图 6 - 13　混料泵 PLC 控制电路图

3. 搭建硬件电路

根据图 6 - 13 所示搭建混料泵系统的 PLC 控制电路。

6.3.2　控制程序设计

根据本系统控制的要求，梯形图程序如图 6 - 14 所示。该控制程序采用了典型的启-保-停控制电路来实现的，梯形图程序分别使用了 4 个定时器来实现每个阶段的定时，用加计数器完成 5 次循环周期的计数。

【讨论】在图 6 - 14 所示的参考程序中，计数器 C1 的计数脉冲使用了 M10.1 的信号，是否可以用定时器 T4 的 Q 端信号作为计数器的计数脉冲？动手做一做。

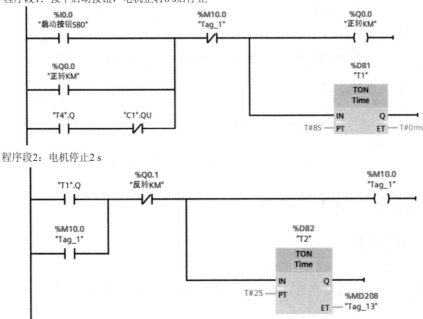

程序段3：电机反转8 s后停止

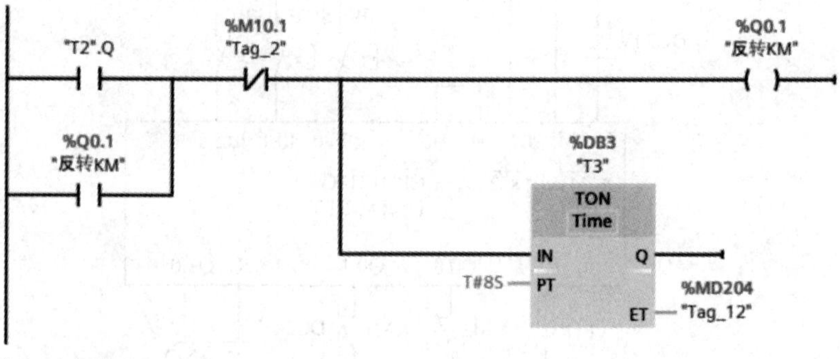

程序段4：电机停止2 s

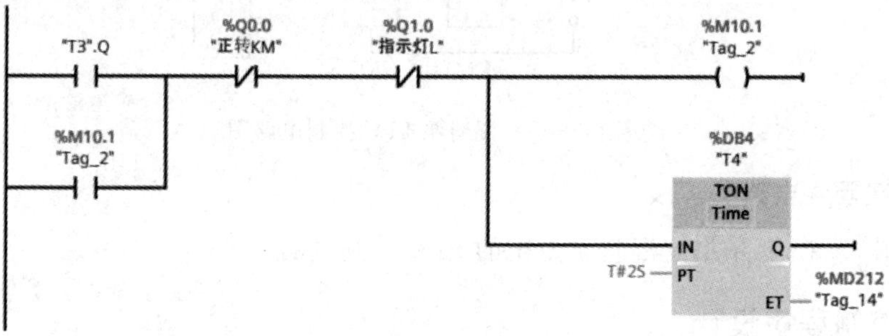

程序段5：正-停-反-停周期计数,达到5次后指示灯点亮

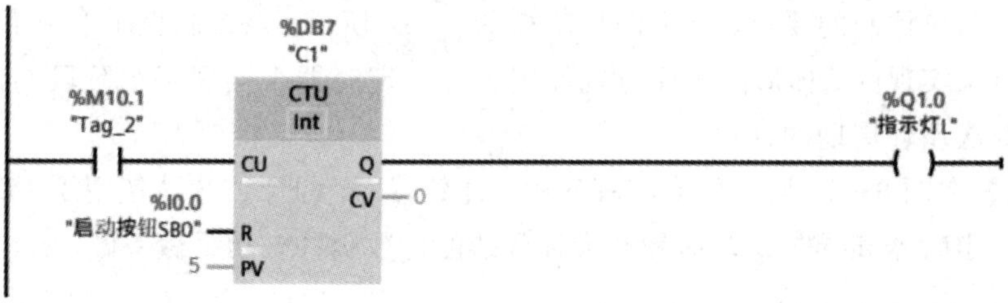

程序段6：按下停止按钮或电机过载时停机

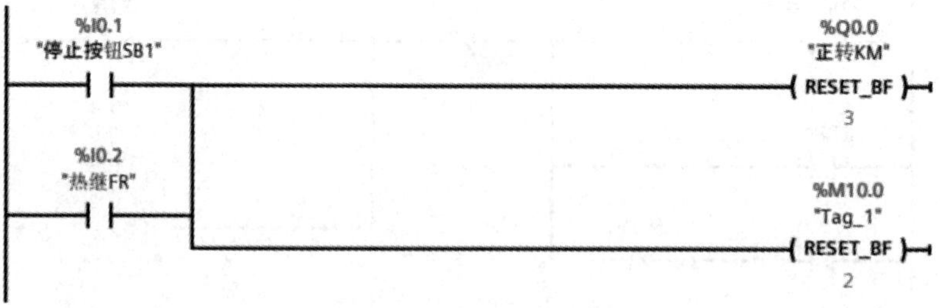

图 6-14　混料系统混料泵控制的梯形图

6.3.3　系统运行与调试

1. PLC 硬件组态

1) 创建新项目

打开博途平台，创建新项目，项目命名为"混料泵控制"，并保存项目。

2) 添加 CPU 模块

在项目视图中的项目树设备栏中，双击"添加新设备"，添加模块 CPU1214C DC/DC/RLY。

2. 编辑变量表

按图 6-15 所示编辑本项目的 PLC 变量表。

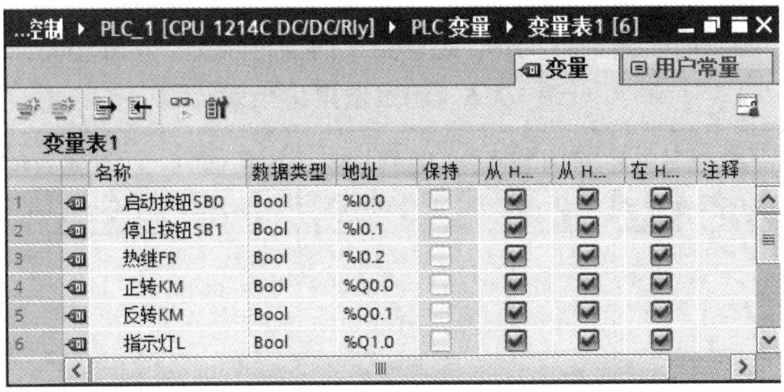

		名称	数据类型	地址	保持	从 H...	从 H...	在 H...	注释
1		启动按钮SB0	Bool	%I0.0		✓	✓	✓	
2		停止按钮SB1	Bool	%I0.1		✓	✓	✓	
3		热继FR	Bool	%I0.2		✓	✓	✓	
4		正转KM	Bool	%Q0.0		✓	✓	✓	
5		反转KM	Bool	%Q0.1		✓	✓	✓	
6		指示灯L	Bool	%Q1.0		✓	✓	✓	

图 6-15　PLC 变量表

3. 录入程序

在项目视图左侧的项目树中，展开"PLC_1"→"程序块"，双击 Main【OB1】，打开主程序块 OB1。在打开的程序编辑器窗口中输入图 6-14 所示的梯形图，具体操作步骤可以参考项目 4 中的相关内容。

4. 编译与下载

程序录入后进行编译，编译通过后进行程序下载，具体操作步骤可以参考项目 4 中的相关内容。

5. 运行监视

单击程序编辑器中工具栏的"启用/禁用监视"图标按钮 ，进入程序运行监视状态。

6. 系统调试及结果记录

断开主电路中的空气开关 QS，先调试控制电路，同时结合程序监控状态观察程序运行情况：

（1）按下启动按钮 SB0，观察交流接触器 KM1 是否吸合。

（2）当 T1 定时器计时 8 s 到时，观察交流接触器 KM1 是否断开。

（3）当 T2 定时器计时 2 s 到时，观察交流接触器 KM2 是否吸合。

（4）当 T3 定时器计时 8 s 到时，观察交流接触器 KM2 是否断开，且计数器是否加 1。

（5）当 T4 定时器计时 2 s 到时，将开始第 2 个周期的循环，观察交流接触器 KM1 是否能实现第二次吸合。

（6）当计数器计数达到 5 次时，指示灯 L 是否点亮。

（7）再一次按下启动按钮 SB0，观察系统是否可以重新进入下一轮的搅拌工作。

任何时刻按下停止按钮 SB1，交流接触器 KM1 和 KM2 是否断开。如果系统工作正常，则控制电路调试成功。

　　合上主电路中的空气开关 QS，进行主控电路的联合调试。本控制系统正常的工作过程应为按下启动按钮 SB0，交流接触器 KM1 线圈得电，其常开主触点闭合，电动机正转→8秒后停止→2秒后电动机自动启动反转→8秒后停止→2秒后再次自动启动正转；如此循环5 次后，指示灯 L 点亮，表示本轮搅拌结束。在任何时刻按下停止按钮 SB1，系统则会停止工作。

　　根据表 6-5 所示的步骤进行操作，观察系统的运行状况，并将相关结果记录在表中。

表 6-5　调试结果记录表

步骤	操作	Q0.0(得电/失电)	KM1(得电/失电)	Q0.1(得电/失电)	KM2(得电/失电)	电动机运行状态(正转/反转/停止)	指示灯 L
1	按下启动按钮 SB0						
2	定时器 T1 计时 8 s 到						
3	定时器 T2 计时 2 s 到						
4	定时器 T3 计时 8 s 到						
5	定时器 T4 计时 2 s 到						
6	按下停止按钮 SB1						

6.3.4　考核评价

内容	评分点	配分	评分标准	自评	互评	师评
系统硬件电路设计 10 分	元器件的选型	5	元器件选型合理；能很好地掌握元器件型号的含义；遵循电气设计安全原则			
	电气原理图的绘制	5	电路设计规范，符合实际工程设计要求；电路整体美观，图形符号规范、正确，错 1 处扣 1 分			

续表

内容	评分点	配分	评分标准	自评	互评	师评
硬件电路搭建 25 分	布线工艺	5	能按控制要求合理走线，且能考虑最优的接线方案，节约使用耗材。符合要求得 5 分。否则酌情扣分			
	接线头工艺	10	连接的所有导线，必须压接接线头，不符合要求扣 1 分/处；同一接线端子超过两个线头、露铜超 2 mm，扣 1 分/处；符合要求得 10 分			
	硬件互锁	5	硬件电路接线有正反转互锁连线得 5 分			
	整体美观	5	根据工艺连线的整体美观度酌情给分，所有接线工整美观得 5 分			
系统功能调试 45 分	正转启动实现	10	按下启动按钮 SB0，交流接触器 KM1 吸合，电动机能启动并正转得 5 分；定时器 T1 启动并计时且时间设定正确得 5 分			
	停机实现	10	8 s 计时到 KM1 断开，电动机停止运行得 5 分；定时器 T2 启动计时且时间设定正确得 5 分			
	反转启动实现	10	2 s 计时到 KM2 吸合，电动机顺利实现反向运行得 5 分，定时器 T3 启动并计时且时间设定正确得 5 分			
	停机实现	5	8 s 计时到 KM2 断开，电动机停止运行且定时器 T4 启动计时得 5 分			
	计数的实现	5	系统可以实现自动循环运行，且计数器正确计数，循环 5 次后指示灯 L 能点亮得 5 分			
	停车控制	5	任何时刻按下停止按钮 SB1，系统可以停止得 5 分			
职业素养与安全意识 20 分	工具摆放	5	保持工位整洁，工具和器件摆放符合规范，工具摆放杂乱，影响操作，酌情扣分			
	团队意识	5	团队分工合理，有分工有合作			
	操作规范	10	操作符合规范，未损坏工具和器件，若因操作不当，造成器件损坏，该项不得分			
	创新加分	5				
得　分						

6.4　知识延伸——工程实践中停止按钮的接法

在工业现场，为了保证安全，停止按钮、急停按钮和过载保护用的热继电器的辅助触头在控制电路中往往会用常闭触头。如果在如图 3 - 15 所示的 PLC 控制电路中将停止按钮 SB1 和热继电器 FR 都换成常闭触头，则梯形图程序应该做何改动才能达到同样的控制效果呢？

【分析】　如果在硬件电路中停止按钮 SB0 和热继电器 FR 都换成了常闭触头，则当 PLC 上电后，I0.2 和 I0.3 两个端子便有信号输入，如果梯形图还是使用图 3 - 17 所示的梯形图，此时梯形图中 I0.2 和 I0.3 的常闭触点应该是处于断开的状态(常开触点处于闭合状态)，那么此时按下正转启动按钮 SB0 或反转启动按钮 SB1，都无法使 Q0.0 或 Q0.1 得电。所以应该将图 3 - 17 中的 I0.2 和 I0.3 的常闭触点换成常开触点，PLC 控制梯形图如图 6 - 16 所示。

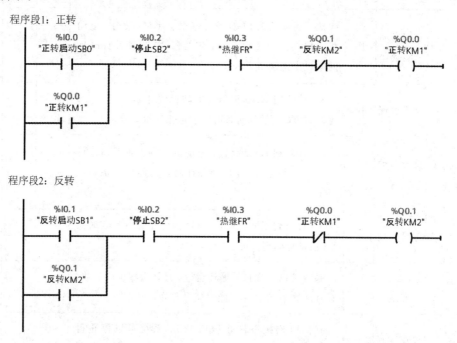

图 6 - 16　电动机正反转的 PLC 控制梯形图

图 3 - 17 和图 6 - 16 所示的两个梯形图的控制功能是一样的，但前者更符合我们常规的逻辑思维，因此在设计梯形图时，输入继电器的触点状态最好按输入设备全部为常开进行设计更为合适，且不易出错。本书在后续的项目中，输入设备均用常开触头与 PLC 输入端连接。

6.5　拓展训练——停车场车位计数控制

已知某小型停车场总共有 30 个停车位，在停车场的入口处和出口处各安装了一个车辆检测传感器，入口处装有红灯和绿灯各一盏。当停车场有空位时绿灯亮，此时当检测器检测到入口处有车辆时可抬杆放行；当停车场没有空位时红灯秒闪，此时检测器检测到入口有车辆时不可抬杆放行，直至出口检测传感器检测有车辆离开，入口闸杆方可抬起，允许车辆驶入。闸杆抬起到位和放下到位均由位置传感器控制。在任何时刻按下复位按钮可以对系统进行复位操作。

1. 分配 PLC I/O 点

根据本项目的控制要求，停车场出入口闸杆用三相异步电动机驱动，通过电动机正反转来控制闸杆的抬起和放下。本系统所需的 I/O 点数为 9 个输入点 6 个输出点，PLC 选取 CPU1214C DC/DC/RLY。系统的 I/O 分配如表 6-6 所示。

表 6-6　系统 I/O 分配表

输入/输出类别	元件名称/符号	I/O 地址
输入	入口车辆检测 SQ1	I0.0
	出口车辆检测 SQ2	I0.1
	入口抬杆到位检测 SQ3	I0.2
	入口放杆到位检测 SQ4	I0.3
	出口抬杆到位检测 SQ5	I0.4
	出口放杆到位检测 SQ6	I0.5
	复位按钮 SB	I0.6
	热继电器 FR1	I0.7
	热继电器 FR2	I1.0
输出	入口绿灯	Q0.0
	入口红灯	Q0.1
	入口抬杆 KM1 线圈	Q0.2
	入口放杆 KM2 线圈	Q0.3
	出口抬杆 KM3 线圈	Q0.4
	出口放杆 KM4 线圈	Q0.5

2. 绘制硬件电路图

根据 I/O 分配表绘制出本系统的 PLC 控制电路图如图 6-17 所示。输入端的电源可以使用 PLC 模块自身对外提供的直流 24 V 电源。

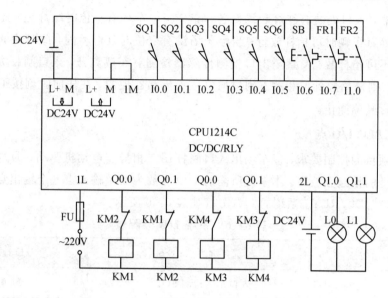

图 6-17　系统 PLC 控制电路图

3. 设计系统控制程序

　　根据本项目控制要求,结合系统 PLC 的 I/O 分配表和控制电路图,设计出实现停车场车位计数控制的 PLC 梯形图如图 6-18 所示。这里选用加减计数器来实现对出入停车场车辆的统计:当停车场入口传感器 SQ1 被触发(I0.0 闭合),即有车辆驶入,计数器加 1;当停车场出口传感器 SQ2 被触发(I0.1 闭合),即有车辆驶出,计数器减 1。当计数器的当前计数值计数达到 30 时,表示停车场车辆已停满,无空位,则红灯点亮,否则绿灯亮。

程序段1:入口放杆到位前提也,入口检测传感器被触发且有空位,则抬杆

```
%I0.0          %I0.3         "IEC_Counter_   %I0.2        %Q0.3       %I0.7      %Q0.2
"入口车辆检测SQ  "入口放杆到位检  0_DB".QU      "入口抬杆到检  "入口放杆KM2"  "热继FR1"   "入口抬杆KM1"
1"              测SQ4"                        测SQ3"
 ┤├            ┤├            ┤/├            ┤/├          ┤/├         ┤/├        ( )

%Q0.2
"入口抬杆KM1"
 ┤├
```

程序段2:车辆驶入后,入口挡杆放下

```
%I0.2          %I0.0         %I0.3         %Q0.2        %I0.7       %Q0.3
"入口抬杆到位检  "入口车辆检测SQ  "入口放杆到位检  "入口抬杆KM1"  "热继FR1"   "入口放杆KM2"
测SQ3"          1"            测SQ4"
 ┤├            ┤/├           ┤├           ┤/├          ┤/├        ( )

%Q0.2
"入口抬杆KM1"
 ┤├
```

程序段3：出口放杆到，且出口车辆检测传感器被触发，则抬杆

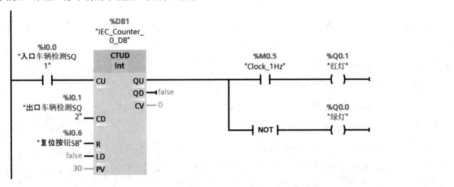

程序段4：车辆驶离后，出口挡杆放下

程序段5：计出入停车场的车辆数，控制红绿灯

图 6 - 18　停车场车位计数控制梯形图

项目 7　彩 灯 控 制

 知识目标

（1）掌握移动操作指令及应用；
（2）掌握移位指令和循环移位指令及应用。

 技能目标

（1）学会用移动操作指令、移位指令和循环移位指令编写应用程序；
（2）能够完成彩灯控制系统的硬件接线和软硬件调试。

7.1　项目描述

随着人们生活水平的提升，以前只有在重大节日里才能得见流光溢彩的彩灯，如今随处可见。

当你漫步在被各种彩灯装饰得绚丽多彩的街头时，你是不是在思考这些彩灯到底是如何控制的？彩灯的控制方式及其电路种类繁多，今天我们就一起学习用 PLC 做控制器，通过 PLC 程序控制灯池或灯带以不同的亮灭方式给人们带来的视觉效果。

该项目的控制要求：现有 L0～L7 共 8 条灯带，我们可以根据自己的喜好，将 8 条灯带摆成各种图案。然后通过编写 PLC 程序来控制灯带的亮灭次序，如正序或逆序间隔相同时间或不同时间依次点亮等，从而可以显示出各式各样的灯光效果。在本项目中，我们把 8 条灯带绕成 8 个同心圆，L0 为最里面的同心圆，依次往外摆放，L7 为最外面的大同心圆，如图 7-1 所示。现要求按下启动按钮 SB0，灯带 L0～L7

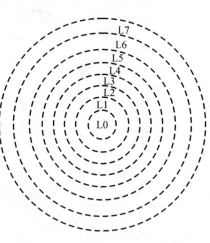

图 7-1　彩灯示意图

以正序每隔 1 s 轮流点亮，在任何时刻只有一条灯带，当最后一条灯带 L7 被点亮后，停 5 s，然后再以逆序每隔 1 s 灯带依次点亮，当灯带 L0 再次被点亮后，停 5 s，如此反复。按下停止按钮 SB1，全部灯带熄灭。

要编程实现本项目的控制并不难，我们用之前学过的位逻辑指令和定时器指令就可以实现，但程序有些烦琐，且控制要求越复杂需要使用的定时器个数也就越多。下面通过 PLC 中的移动操作指令、循环移位指令和比较指令，使本项目的实现简单。

7.2　知 识 链 接

7.2.1　移动操作指令

博途平台上提供了一系列的移动操作指令，可以供用户在 S7-1200 PLC 控制系统中编程时使用，如图 7-2 所示。本节中我们重点学习移动值指令（MOVE）和交换指令（SWAP）。

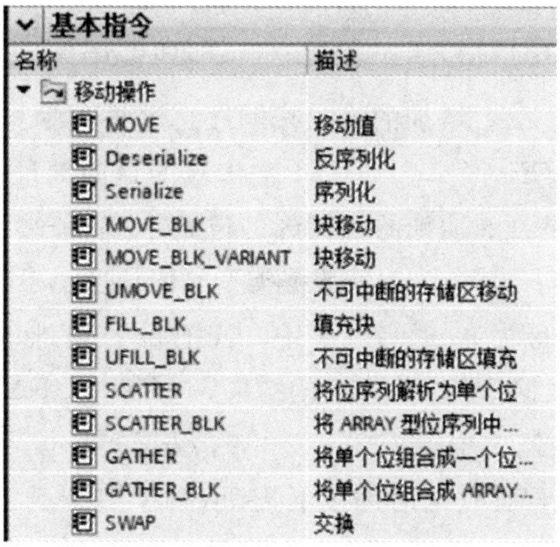

名称	描述
基本指令	
移动操作	
MOVE	移动值
Deserialize	反序列化
Serialize	序列化
MOVE_BLK	块移动
MOVE_BLK_VARIANT	块移动
UMOVE_BLK	不可中断的存储区移动
FILL_BLK	填充块
UFILL_BLK	不可中断的存储区填充
SCATTER	将位序列解析为单个位
SCATTER_BLK	将 ARRAY 型位序列中...
GATHER	将单个位组合成一个位...
GATHER_BLK	将单个位组合成 ARRAY...
SWAP	交换

图 7-2　移动操作指令

1. 移动值指令（MOVE）

移动值指令的梯形图符号及参数如表 7-1 所示，用于将 IN 输入端的源数据复制到 OUT1 输出的目的地址，并且转换为 OUT1 指定的数据类型，在移动过程中不会更改源数据。

表 7-1　移动值指令梯形图符号及参数

梯形图符号	端子	作用	数据类型
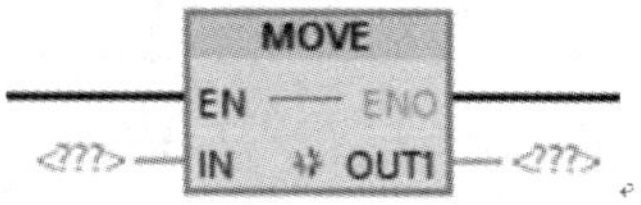	EN	使能输入	BOOL
	ENO	使能输出	BOOL
	IN	源数据	BYTE，WORD，DWORD，SINT，USINT，INT，UINT，DINT，UDINT，TIME，DATE，TOD，CHAR，WCHAR，ARRAY，STRUCT，字符串中的字符，PLC 数据类型（UDT），IEC 数据类型
	OUT1	目的地址	

如图 7-3 所示，该程序实现的功能为：当 EN 端 I0.0 的常开触点闭合时，MOVE 指令实现将 IN 端的立即数 16#12FA 存储到 MW100 中，即 MW100=12FAH，同时使能输

出 ENO 信号状态为"1",即 M10.0 线圈得电;当 I0.0 的常开触点断开时,使能输出 ENO 将返回信号状态为"0",M10.0 线圈失电,但 MW100 保持 12FAH 值不变。

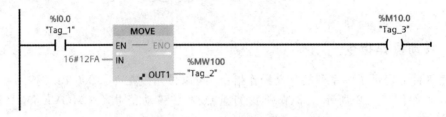

图 7-3　移动值指令应用

MOVE 指令允许有多个输出,单击"OUT 1"前面的 ![icon] 图标,系统会增加一个输出,增加的输出名称为 OUT2,以后增加的输出按顺序自动排列编号。

【注意】　在使用 MOVE 指令时,OUT1 输出端的目的地址的存储区大小必须要与 IN 端的数据长度相匹配。如果目的地址的存储区的位数小于 IN 端的数据长度,则数据的高位会丢失,而且程序不会报错;如果输入 IN 数据类型的位长度小于输出 OUT1 数据类型的位长度,目标值的高位会被改写为 0。图 7-3 中,若把目的地址 MW100 改为 MB100,由于 16♯12FA 是一个 16 位的数据,程序执行后的结果为 MB100=FAH,此时高位"12"丢失。

【例 7-1】　用 PLC 控制 3 个指示灯 L0～L2,编程实现按下按钮 SB0,点亮 L0 和 L1, 2 s 后自动切换点亮 L0 和 L2,任何时刻按下按钮 SB1,灯全灭。

分析:按钮 SB0 接在输入端子 I0.0 上,按钮 SB1 接在输入端子 I0.1 上,指示灯 L0～L2 分别接在 PLC 输出端子 Q0.0～Q0.2 上,这里用移动值指令来实现,梯形图如图 7-4 所示。

控制过程:当 I0.0 常开触点闭合,MB10=3,即 M10.0=1,M10.1=1,从程序段 4 中可以看出,此刻 Q0.0 和 Q0.1 线圈得电,L0 和 L1 被点亮。与此同时,从程序段 3 中可以看出,定时器定时 2 s 后,MB10=5,即 M10.0=1,M10.1=0,M10.2=1,Q0.0 仍然保持得电状态,Q0.1 线圈失电,Q0.2 线圈得电,L1 灭,L0 和 L2 亮。

程序段1:

```
      %I0.0
     "Tag_1"              MOVE
      ─┤ ├──────────┤ EN   ENO ├──────────────────────
                    3 ─ IN          %MB10
                          OUT1 ─── "Tag_5"
```

程序段2:

```
      %I0.1
     "Tag_10"             MOVE
      ─┤ ├──────────┤ EN   ENO ├──────────────────────
                    0 ─ IN          %MB10
                          OUT1 ─── "Tag_5"
```

程序段3:

程序段4:

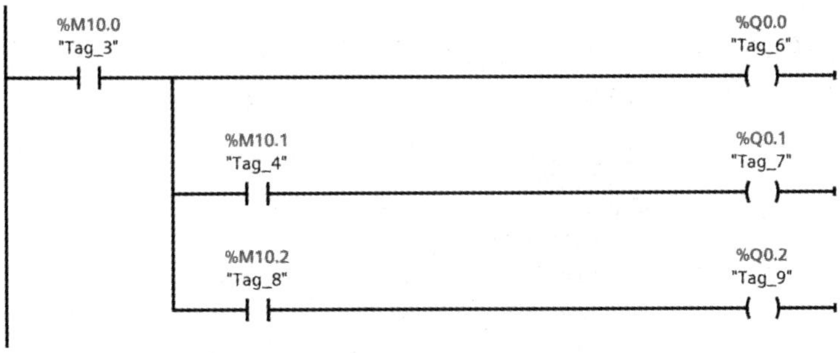

图7-4　例7-1梯形图

2. 交换指令(SWAP)

交换指令(SWAP)的梯形图符号及参数如表7-2所示。交换指令用于更改输入端 IN 数据的字节顺序。当 IN 和 OUT 的数据类型为 WORD 时,SWAP 指令交换输入端 IN 数据的高、低字节后,存储到 OUT 指定的地址;当 IN 和 OUT 的数据类型为 DWORD 时,交换 4 个字节中的数据顺序,交换后的结果存储到 OUT 指定的地址。使用交换指令时,务必从指令框的 ??? 下拉列表中选择该指令的数据类型。

表7-2　交换指令(SWAP)梯形图符号及参数

梯形图符号	端子(参数)	作用	数据类型
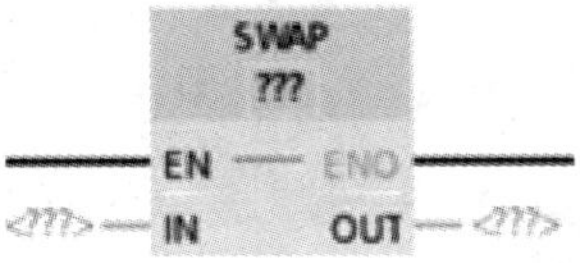	EN	允许输入	BOOL
	ENO	允许输出	BOOL
SWAP ??? EN — ENO <???> — IN　OUT — <???>	IN	要交换字节的操作数	WORD, DWORD, LWORD
	OUT	交换字节后的输出	WORD, DWORD, LWORD

如图7-5所示,该程序实现的功能:当 EN 端 M10.0 的常开触点闭合时,执行交换指令,将 IN 端的数据 16♯12AF 的高低字节的顺序进行了改变,结果存储在 OUT 端的 MW12 中,即 MW12=AF12H。单个字节内的数据顺序不会发生改变。

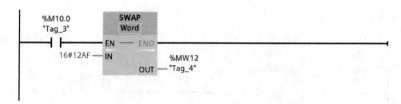

图 7-5　交换指令(SWAP)应用

7.2.2　移位指令和循环移位指令

博途平台中提供的移位指令有右移指令(SHR)和左移指令(SHL);循环移位指令有循环右移指令(ROR)和循环左移指令(ROL),如图 7-6 所示。

✓ ▎基本指令	
名称	描述
▾ ⮺ 移位和循环	
🔁 SHR	右移
🔁 SHL	左移
🔁 ROR	循环…
🔁 ROL	循环…

图 7-6　移位和循环移位指令

表 7-3 所示为各指令对应的梯形图符号。移位指令的数据类型有 Int、SInt、DInt、UInt、USInt、UDInt、Byte、Word 和 DWord;循环移位指令的数据类型有 Byte、Word 和 DWord。如图 7-7 所示,从指令框的 ??? 处的下拉列表中可以选择指令的数据类型。

表 7-3　移位和循环移位指令梯形图符号

右移指令(SHR)	左移指令(SHL)	循环右移指令(ROR)	循环左移指令(ROL)
SHR ??? EN ENO <???> IN OUT <???> <???> N	SHL ??? EN ENO <???> IN OUT <???> <???> N	ROR ??? EN ENO <???> IN OUT <???> <???> N	ROL ??? EN ENO <???> IN OUT <???> <???> N

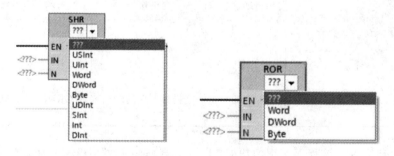

图 7-7　移位和循环移位指令的数据类型

1. 移位指令

移位指令有右移指令(SHR)和左移指令(SHL)。当移位指令的 EN 为高电平"1"时,将执行移位操作,即将 IN 端指定的存储单元内的数据逐位右移或左移若干位,移动的位数由 N 端的值来决定,最终结果保存在 OUT 端指定的目的地址中。

图 7-8 所示为右移指令的应用举例,数据类型选择了字节(Byte)。该程序实现的功能:当 EN 端 M10.0 的常开触点闭合时,执行右移指令,将 IN 端的数据向右移动 2 位(IN 端数据为 16♯A5 = 2♯10100101),结果存储在 OUT 端的 MB20 中,即 MB20 = 2♯00101001。右移后空出来的位用 0 来补。数据右移如图 7-9 所示。

图 7-8 右移指令的应用

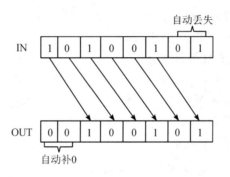

图 7-9 数据右移示意图

图 7-10 所示为左移指令的应用举例,数据类型选择了 Word。该程序实现的功能为当 EN 端 M10.0 的常开触点闭合时,执行左移指令,将 IN 端存储单元 MW20 中的数据向左移动 4 位(假设 MW20 = 2♯1011100111000101),结果存储在 OUT 端的 MW22 中,即 MW22 = 2♯1001110001010000。左移后空出来的位用 0 补位,数据左移示意图如图 7-11 所示。

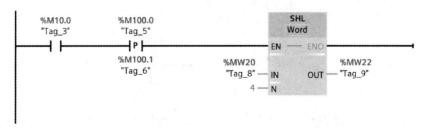

图 7-10 左移指令的应用

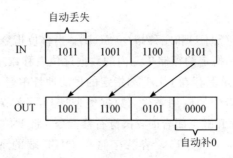

图 7-11　数据左移示意图

【注意】　无符号数移位和有符号数左移后空出来的位用 0 补位,有符号整数(Int、SInt 和 DInt)右移后空出来的位用符号位(原来的最高位)补位,正数的符号位为 0,负数的符号位为 1。

2. 循环移位指令

循环移位指令包括循环右移指令(ROR)和循环左移指令(ROL)。当循环移位指令的 EN 为高电平"1"时,将执行循环移位操作,即将输入 IN 中操作数的内容按位向右或向左循环移位,参数 N 用于指定循环移位中待移动的位数,用移出的位填充因循环移位而空出的位,并在 OUT 端的目的地址中查询结果。

图 7-12 所示为循环右移指令的应用举例,数据类型选择了 Byte。该程序实现的功能为当 EN 端 M10.0 的常开触点闭合时,执行循环右移指令,将 IN 端的数据循环向右移动 2 位(IN 端数据为 2#10110101),结果存储在 OUT 端的 MB20 中,即 MB20=16#6D=2#01101101。循环右移指令示意图如图 7-13 所示。

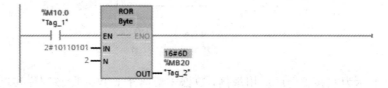

图 7-12　循环右移指令的应用

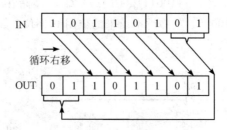

图 7-13　数据循环右移示意图

图 7-14 所示为循环左移指令的应用举例,数据类型选择 Word。该程序实现的功能为当 EN 端 M10.0 的常开触点闭合时,执行循环左移指令,将 IN 端存储单元 MW30 中的数据循环向左移动 4 位(假设 MW30=2#1011100111000101),结果存储在 OUT 端的 MW22 中,即 MW32=2#1001110001011011。循环左移指令示意图如图 7-15 所示。

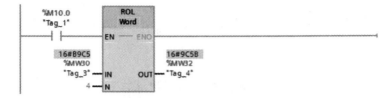

图 7 - 14 循环左移指令的应用

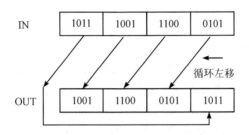

图 7 - 15 数据循环左移示意图

【注意】 如果参数 N 的值为"0",则将输入 IN 的值复制到输出 OUT 的操作数中。如果参数 N 的值大于可用位数,则输入 IN 中的操作数值仍会循环移动指定位数。

【例 7 - 2】 用 PLC 控制 8 个指示灯 L0~7,编程实现当按下按钮 SB0 时,指示灯 L0~7 以正序每隔 1 s 轮流点亮,保持任何时刻只有一个指示灯亮,当最后一个指示灯 L7 被点亮后,再从 L0 开始依次点亮 8 个指示灯,如此循环。按下按钮 SB1,指示灯全部熄灭。

分析:按钮 SB0 接在输入端子 I0.0 上,按钮 SB1 接在输入端子 I0.1 上,指示灯 L0~7 分别接在 PLC 输出端子 Q0.0~0.7 上,这里用移动指令和循环左移指令来实现控制要求,梯形图如图 7 - 16 所示。

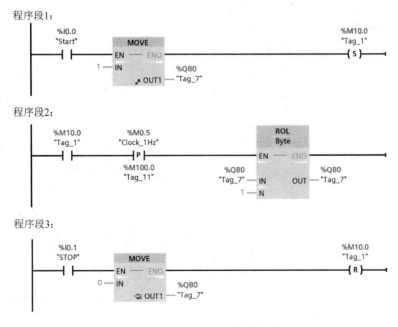

图 7 - 16 例 7 - 2 控制程序

【注意】 这里的循环左移指令使能端 EN 的 1 s 移位脉冲信号由 M0.5 给出,该存储器位需要通过对 PLC 属性进行设置,即勾选"启用时钟存储器字节"复选框,各时钟存储器位才有效。

7.3 项目实施

7.3.1 硬件电路设计与搭建

1. 分配 PLC I/O 点

根据本项目描述彩灯控制系统的要求,控制系统的输入端有 2 个信号:启动按钮 SB0 和停止按钮 SB1 的信号;被控对象为 8 条灯带:灯带 L0~7,每条灯带各占用一个输出点,即系统需 2 个输入点数和 8 个输出点数,共 10 个 I/O 点数。PLC 选取 CPU1214C DC/DC/RLY(注:在实际应用中,如果需要 PLC 输出继电器 Q 频繁得电和失电,且周期低于 1 s,则不能使用继电器输出型 PLC,本项目中由于涉及灯的闪烁,则最好选用晶体管输出型 PLC。本书为了所有项目 PLC 在选型上一致,所以选用了继电器输出型 PLC。本系统 PLC 的 I/O 配置如表 7-4 所示。

2. 绘制硬件电路图

根据彩灯控制的 I/O 分配表(见表 7-4),绘制出实现彩灯控制的硬件电路图如图 7-17 所示,图中 PLC 输入端的电源使用的是 PLC 模块自身对外提供的直流 24 V 电源,也可以选用外部直流 24 V 电源。为了简便起见,本项目灯带的工作电源也选用直流 24 V 电源。

3. 搭建硬件电路

根据图 7-17 所示搭建彩灯控制系统硬件电路。

表 7-4　彩灯控制的 I/O 分配表

输入/输出类别	元件名称/符号	I/O 地址
输入(2 点)	启动按钮 SB0	I0.0
	停止按钮 SB1	I0.1
输出(8 点)	灯带 L0	Q0.0
	灯带 L1	Q0.1
	灯带 L2	Q0.2
	灯带 L3	Q0.3
	灯带 L4	Q0.4
	灯带 L5	Q0.5
	灯带 L6	Q0.6
	灯带 L7	Q0.7

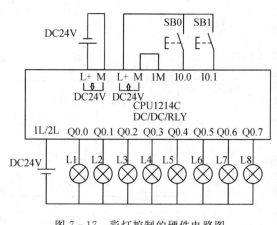

图 7-17　彩灯控制的硬件电路图

7.3.2　控制程序设计

由彩灯控制的硬件电路图可知,灯带 L0～7 分别接在 Q0.0～0.7 上,正好占用了 PLC 的一个字节 QB0。按下启动按钮时在 QB0 中存入数据 2♯00000001(输出端的指示灯亮灭控制:"1"灯亮;"0"灯灭),然后再让 QB0 中的数据每隔 1 s 依次向高位循环移动,便可实现灯带的依次点亮,我们前面学过的移动值指令(MOVE)和循环移位指令便可实现该功能。彩灯控制程序如图 7 - 18 所示。

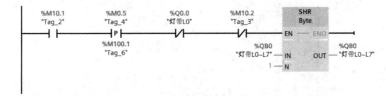

程序段1:按下启动按钮,点亮灯带L0

程序段2:1 s间隔向左移位,正序点亮各灯

程序段3:当灯带L7点亮后停止左移,并开始定时,定时5 s到复位M10.2,为右移做准备

程序段4:定时5 s后向右移

程序段5:当灯带L0点亮后停止右移并开始定时,5 s到复位M10.1,为启动第二轮左移做准备

程序段6：复位

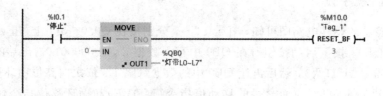

图 7 - 18　彩灯控制程序

【思考】　1 s 移位脉冲信号由时钟存储器位 M0.5 给出，这里如果用 M0.5 的常开触点来替换可以吗？请同学们实际动手做一做。

分析：这里时钟存储器位 M0.5 选用了上升沿，这样触点每闭合一次，数据只会移动 1 位，若没有上升沿，那么闭合一次，数据可能会连续进行多次移位。

7.3.3　系统运行与调试

1. PLC 硬件组态

1）创建新项目

打开博途平台，创建新项目，项目命名为"PLC 实现彩灯控制"，并保存项目。

2）添加 CPU 模块

在项目视图的项目树设备栏中，双击"添加新设备"，添加模块 CPU1214C DC/DC/RLY。项目程序中用到了时钟存储器 M0.5，因此需要勾选"启用时钟存储器字节"。

3）下载硬件配置

硬件组态完成之后要进行硬件配置下载，否则时钟存储器 M0.5 不起作用。

2. 编辑变量表

按图 7 - 19 所示 PLC 变量表编辑本项目的 PLC 变量表。

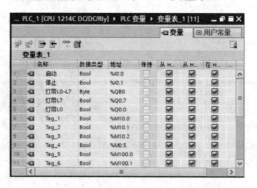

图 7 - 19　PLC 变量表

3. 录入程序

在项目视图左侧的项目树中，展开"PLC_1"→"程序块"，双击 Main【OB1】，打开主程序块 OB1。在打开的程序编辑器窗口中输入图 7 - 18 所示的梯形图。

4. 编译与下载

程序录入后进行编译，编译通过后进行程序下载，具体操作步骤可以参考项目 4 中的相关内容。

5. 运行监视

单击程序编辑器中工具栏的"启用/禁用监视"图标按钮，进入程序运行监视状态。

6. 系统调试及结果记录

按下启动按钮 SB1，观察灯带构成的同心圆是否由内向外每隔 1 s 依次点亮，当最外圈灯带点亮后停留 5 s，再由外向内依次点亮，如此循环。按下停止按钮 SB1，灯带全部熄灭。如果系统运行正常，则系统调试成功。

7.3.4 考核评价

内容	评分点	配分	评 分 标 准	自评	互评	师评
系统硬件电路设计 10分	元器件的选型	5	元器件选型合理；能很好地掌握元器件型号的含义；遵循电气设计安全原则			
	电气原理图的绘制	5	电路设计规范，符合实际工程设计要求；电路整体美观，图形符号规范、正确，错 1 处扣 1 分			
硬件电路搭建 25分	布线工艺	5	能按控制要求合理走线，且能考虑最优的接线方案，节约使用耗材。符合要求得 5 分。否则酌情扣分			
	接线头工艺	10	连接的所有导线，必须压接线头，不符合要求扣 1 分/处；同一接线端子超过两个线头、露铜超 2 mm，扣 1 分/处；符合要求得 10 分			
	硬件互锁	5	硬件电路接线有正反转互锁连线得 5 分			
	整体美观	5	根据工艺连线的整体美观度酌情给分，所有接线工整美观得 5 分			
系统功能调试 45分	正序点亮灯带实现	15	按下启动按钮 SB0，灯带构成的同心圆由内向外每隔 1 s 依次点亮得 15 分			
	5 s后反序点亮灯带实现	15	5 s 计时到，灯带构成的同心圆由外向内每隔 1 s 依次点亮得 15 分			
	正反序点亮可循环实现	10	正反序点亮可循环实现得 10 分			
职业素养与安全意识 20分	工具摆放	5	保持工位整洁，工具和器件摆放符合规范，工具摆放杂乱，影响操作，酌情扣分			
	团队意识	5	团队分工合理，有分工有合作			
	操作规范	10	操作符合规范，未损坏工具和器件，若因操作不当，造成器件损坏，该项不得分			
	创新加分	5				
得　分						

7.4　知识延伸——用定时器实现任意周期的脉冲

如果点亮各灯带的间隔时间不是 1 s,而是 2 s 或其他时间,此时时钟存储器位 M0.5 就无法实现了,那该如何得到这 2 s 或其他周期的移位脉冲呢?

【提示】　可以用 S7-1200 PLC 提供的定时器来产生其他周期的脉冲信号。

如图 7-20 所示程序,用两个接通延时定时器串联可以实现在 Q0.0 上产生周期为 2 s 的脉冲信号。当 I0.0 闭合并保持时,T0 开始定时,1 s 后定时时间到,它的 Q 输出端的能流流入右边定时器 T1 的 IN 输入端,使定时器 T1 开始定时,同时 Q0.0 的线圈通电。1 s 后定时器 T1 定时时间到,它的输出端 Q 变为“1”状态,使 T1. Q 的常闭触点断开,定时器 T0 的 IN 输入电路断开,其输出端 Q 变为“0”状态,使 Q0.0 和定时器 T1 的输出端 Q 也变为“0”状态。下一个扫描周期因为 T1,Q 的常闭触点接通,定时器 T0 又从预设值开始定时,于是 Q0.0 的线圈就这样周期性地通电和断电,直到串联电路断开。

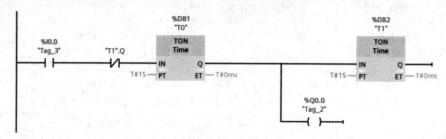

图 7-20　定时器串联输出周期脉冲程序

请同学们用此方法编写出点亮各灯带的间隔时间为 5 s 的项目程序。

7.5　拓展训练——霓虹灯控制

同学们可以用 8 条灯带摆出如图 7-21 所示的图案,其中“红心”用两条灯带构成,其他每个字母均用一条灯带摆出。L0 灯带做成“I”,L1 和 L2 灯带做成“❤”图案,L3～L7 灯带依次做成“CHINA”图案。现要求按下启动按钮 SB0,霓虹灯图案由左往右间隔 1 s 依次点亮,图案全部点亮后停留 5 s,霓虹灯图案秒闪 6 次,然后再由左往右依次点亮,如此不断循环。按下停止按钮 SB1,霓虹灯熄灭。

图 7-21　霓虹灯设计示意图

根据本项目的控制要求,系统的 I/O 分配和硬件电路图分别如表 7-4 和图 7-17 所示。控制程序如图 7-22 所示。程序段 1 实现对存储单元 MW100 赋初值 2♯1111111100000000,这里注意,需要事先在变量表中将 MW100 的数据类型设置为“Word”。

程序段1：赋初值

```
    %M1.0
  "FirstScan"                            MOVE                        %M10.0
    ┤├────────────┬──────────────────┤   EN ─── ENO ├────────────┐   "Flag1"
                  │                   │                           │   ─( S )─
                  │      16#0FF00 ─── IN                          │
   "C0".QU        │                        OUT1 ─── %MW100        │   %M10.1
    ┤├────────────┘                                 "Tag_1"       │   "Flag2"
                                                                  └───( R )─
```

程序段2：MW100 里的各位依次循环左移 1 位

```
   %M10.0        %M0.5         %M101.7           ROL
   "Flag1"     "Clock_1Hz"     "Tag_3"           Word
    ┤├──────────┤ P ├──────────┤/├──────────┤   EN ─── ENO ├─────────────
                %M20.0                           
                "Tag_2"        %MW100                       %MW100
                               "Tag_1" ─── IN        OUT ─── "Tag_1"
                                    1 ─── N
```

程序段3：点亮各灯带

```
   %M1.2
 "AlwaysTRUE"          MOVE
    ┤├─────────────┤   EN ─── ENO ├──────────────────────────────────
                        
          %MB101                    %QB0
          "Tag_14" ─── IN    OUT1 ─── "灯带L0~L7"
```

程序段4：灯带全部点亮后开启5 s定时

```
                         %DB2
                         "T0"
   %M101.7               TON
   "Tag_3"               Time
    ┤├──────────────┤   IN      Q ├──────────────────────────────────
                    
              T#5S ─── PT     ET ─── T#0ms
```

程序段5：定时5 s到，产生1 s脉冲，并记录闪烁次数

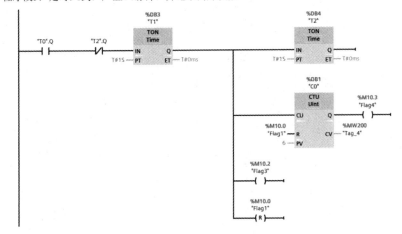

程序段6：霓虹灯秒闪

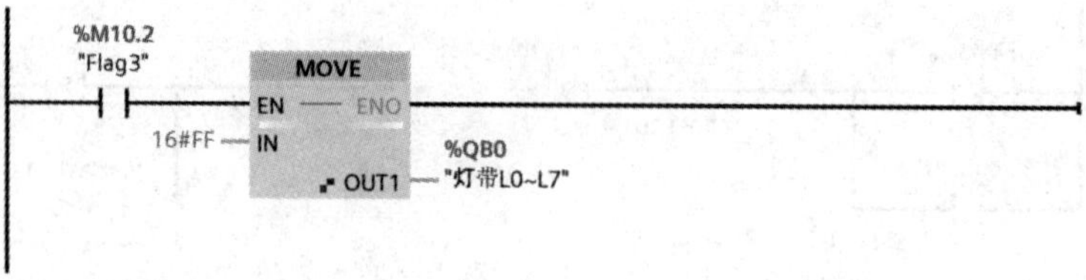

```
   %M10.2
   "Flag3"          MOVE
  ──┤ ├──    ┌──────────────┐
            │  EN ── ENO     │
      16#FF ─┤ IN            │
            │         %QB0   │
            │    OUT1 ─ "灯带L0~L7" │
            └──────────────┘
```

程序段7：霓虹灯秒闪

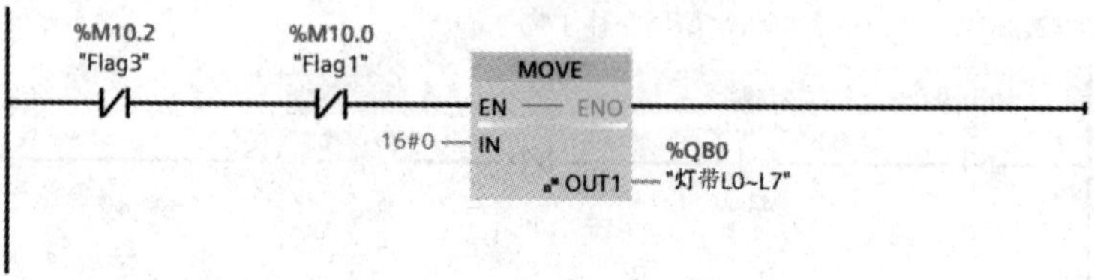

```
   %M10.2       %M10.0
   "Flag3"      "Flag1"          MOVE
  ──┤/├────────┤/├──    ┌──────────────┐
                      │  EN ── ENO     │
               16#0 ──┤ IN            │
                      │         %QB0   │
                      │    OUT1 ─ "灯带L0~L7" │
                      └──────────────┘
```

程序段8：复位

```
   %I0.1
   "停止按钮SB1"              MOVE
  ──┤ ├──┬──────    ┌──────────────┐
         │         │  EN ── ENO     │
         │      0 ──┤ IN            │
         │         │         %MW100 │
         │         │    OUT1 ─ "Tag_1" │
         │         └──────────────┘
         │
         │                MOVE
         └──────    ┌──────────────┐
                   │  EN ── ENO     │
                0 ──┤ IN            │
                   │         %QB0   │
                   │    OUT1 ─ "灯带L0~L7" │
                   └──────────────┘
```

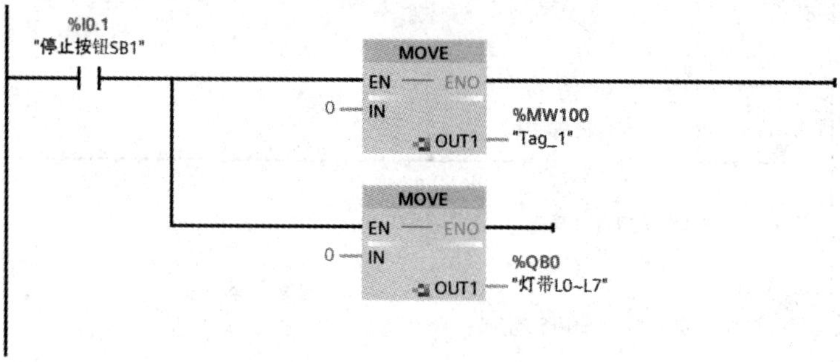

图 7 - 22 霓虹灯控制参考梯形图

项目 8　多路抢答系统控制

知识目标

(1) 熟悉数码管的结构；

(2) 掌握数学函数指令(加、减、乘和除等)及应用；

(3) 掌握字逻辑运算指令及应用。

技能目标

(1) 学会用数学函数指令和字逻辑运算指令编写应用程序；

(2) 能够完成 PLC 对一位或多位数码管控制的硬件电路设计和编程；

(3) 能够完成抢答控制系统硬件电路接线和软硬件调试。

8.1　项目描述

在各种竞赛中，经常有抢答环节，早期的抢答器功能比较简单，随着科技的发展，抢答器的功能也越来越全面和智能化。本项目要求选用 PLC 作为控制器设计出一个 3 路抢答控制系统，该抢答系统由 3 个选手抢答按钮，1 个开始按钮(启动按钮)，复位按钮，1 位用于显示组号的数码管，正常抢答指示灯，犯规指示灯和超时指示灯组成。抢答系统示意图如图 8-1 所示。

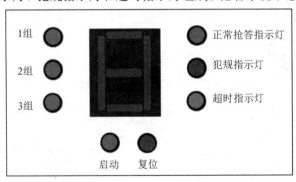

图 8-1　抢答系统示意图

抢答系统的具体控制要求如下：

(1) 正常抢答。主持人按下开始按钮，3 组选手均在规定的抢答时间 10 s 内抢答，最先抢答成功的组，在数码管上显示该组组号，且正常抢答指示灯亮。其余组再抢答则按钮不起作用。

(2) 违规抢答。主持人未按下开始按钮就有组抢答，则判定该组违规，在数码管上显示该组组号，违规指示灯亮。

(3) 超时无人抢答。当主持人按下开始按钮，超过 10 s 无人抢答，则系统超时指示灯亮。所有组不能再抢答该题。

（4）一轮答题结束后，主持人按下复位按钮，则抢答器系统复位。

在该抢答系统中有 1 位用于显示组号的数码管，那么该如何用 PLC 来实现对数码管的控制呢？

8.2　知　识　链　接

8.2.1　数码管结构

数码管是由多个发光二极管封装在一起组成"8"字形的器件，也称 8 段 LED 管。通过对数码管不同的管脚输入电流，会使二极管发亮，从而显示出相应的数字，数码管能够显示时间、日期和温度等。由于数码管的价格便宜，使用简单，已被广泛用于仪表、时钟、车站和家电等场合。

单独一位的 LED 数码管外形如图 8-2 所示，根据接法的不同 LED 管分为两类：共阴数码管（发光二极管的阳极连接到一起连接到电源正极）和共阳极数码管（发光二极管的阴极连接到一起连接到电源负极）。共阳极数码管引脚示意图及内部结构图如图 8-3 所示。共阴极数码管引脚示意图及内部结构图如图 8-4 所示。

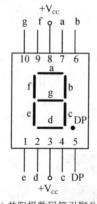

(a) 共阳极数码管引脚分布

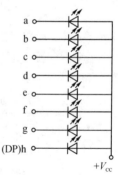

(b) 共阳极数码管内部连接

图 8-2　数码管外形图　　　　　　　　　图 8-3　共阳极数码管

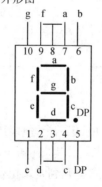

(a) 共阴极数码管引脚分布

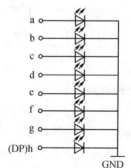

(b) 共阴极数码管内部连接

图 8-4　共阴极数码管

共阳极数码管是指将所有发光二极管的阳极接到一起形成公共阳极(COM)的数码管，共阳极数码管在应用时应将公共极 COM 接到+5 V。当某一字段发光二极管的阴极为低电平(为"0")时，相应字段就点亮；当某一字段的阴极为高电平(为"1")时，相应字段就不亮。

共阴极数码管是指将所有发光二极管的阴极接到一起形成公共阴极(COM)的数码管，共阴极数码管在应用时应将公共极 COM 接到地线 GND 上。当某一字段发光二极管的阳极为高电平(为"1")时，相应字段就点亮；当某一字段的阳极为低电平(为"0")时，相应字段就不亮。

表 8-1 所示为共阴极数码管显示的数字与显示码(相应字段亮灭对应的高低电平构成一个 8 位二进制数)的对应关系。

表 8-1　共阴极数码管的显示数字与显示码对应关系

共阴极 8 段 LED 管	显示字形	各字段阳极对应电平								显示码(二进制)	显示码(十六进制)
		DP	g	f	e	d	c	b	a		
	0	0	0	1	1	1	1	1	1	2#00111111	16#3F
	1	0	0	0	0	0	1	1	0	2#00000110	16#06
	2	0	1	0	1	1	0	1	1	2#01011011	16#5B
	3	0	1	0	0	1	1	1	1	2#01001111	16#4F
	4	0	1	1	0	0	1	1	0	2#01100110	16#66
	5	0	1	1	0	1	1	0	1	2#01101101	16#6D
	6	0	1	1	1	1	1	0	1	2#01111101	16#7D
	7	0	0	0	0	0	1	1	1	2#00000111	16#07
	8	0	1	1	1	1	1	1	1	2#01111111	16#7F
	9	0	1	1	0	0	1	1	1	2#01000111	16#6F
	A	0	1	1	1	0	1	1	1	2#01110111	16#77
	b	0	1	1	1	1	0	0	0	2#01111000	16#78
	C	0	0	1	1	1	0	0	1	2#00111001	16#39
	d	0	1	0	1	1	1	1	0	2#01011110	16#5E
	E	0	1	1	1	1	0	0	1	2#01111001	16#79
	F	0	1	1	1	0	0	0	1	2#01110001	16#71

8.2.2　S7-1200 PLC 对数码管的控制

1. PLC 直接驱动数码管

PLC 直接驱动数码管方法的优点是编程简单，但由于占用 PLC 输出端子的资源比较多，一位数码管就需要占用 PLC 的 7 或 8 个输出端子，因此该方法多用于在 PLC 输出端子资源富裕且只有一位字符显示的情况下使用。以共阴极数码管为例，硬件接线如图 8-5 所示。根据表 8-1 中共阴数码管的显示数字与显示码的对应关系可知，对应的程序设计有以下两种方法：位控制法和字节控制法。方法一：我们可以给对应的各字段引脚按位输入对应的高低电平，从而实现数码管显示对应的数字；方法二：数码管一共有 8 个字段，正好构成一个字节的长度，那么我们也可以按字节长度以二进制或十六进制的方式给各字段引脚提供对应的高低电平。下面以数码管的各字段 a、b、c、d、e、f、g 和 DP 依次接在 PLC 的 Q0.0~Q0.7 上如图 8-4 所示为例，具体说明如何编程来实现 S7-1200 PLC 对一位数码管的控制。

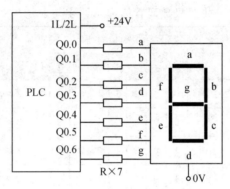

图 8-5　共阴极数码管与 PLC 的连接

1）位控制法

位控制法就是需要在数码管上显示某个数字，给组成该数字对应的各字段引脚按位输入对应的高低电平。如果需要在该数码管上显示出数字"2"，即需要点亮的字段有 a、b、d、e 和 g，即 PLC 的各输出端 Q0.0、Q0.1、Q0.3、Q0.4 和 Q0.6 输出高电平即可。图 8-6 所示的控制程序实现了当 M100.0 常开触点闭合时数码管上显示数字"2"。

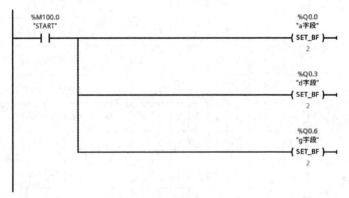

图 8-6　位控制法程序

这种方法不要求数码管的 8 个引脚与 PLC 的连接顺序，即 8 个字段的引脚可以分散接在 PLC 不同组的输出端子上。

2）字节控制法

字节控制法就是需要在数码管上显示某个数字，我们直接将该数字对应的显示码送给

PLC 的 QBX 口上。如图 8-5 所示，如果需要在该数码管上显示出数字"2"，在表 8-1 中我们可以查到数字"2"对应的显示码为"2#01011011"或"16#5B"，然后将该显示码传送到 QB0 口即可。因此，实现该控制的程序如图 8-7 所示，即当 M100.0 常开触点闭合时，数码管上显示数字"2"。

图 8-7　字节控制法程序

这种方法要求数码管的 8 个字段的引脚必须接在 PLC 的同一组输出端子上（如 QB0 口），且 a 字段应该与 QB0 的低位（Q0.0 端子）相连，然后其他各字段引脚依次连接，这样才可以用表 8-1 中的显示码，如图 8-5 的连接方式。

【讨论】　请同学们积极开动脑筋与同组的小伙伴讨论，编写出在数码管上显示其他数字所对应的程序。

2. 七段译码器驱动数码管

七段译码器芯片的种类有很多，这里以芯片 CD4511 为例。CD4511 是用于驱动共阴极数码管的 BCD 码七段译码器，芯片引脚图如图 8-8 所示。其中，A、B、C、D 为 BCD 码输入，与 PLC 的输出端子连接；a～g 是 7 段输出，连接数码管的 a～g 字段。LT 为灯测试端，加高电平时，显示器正常显示；加低电平时，各笔段都被点亮，显示器一直显示数码"8"，以检查显示器是否有故障。BI 为消隐功能端，低电平时使所有笔段均消隐，正常显示时，BI 端应加高电平。LE 是锁存控制端，高电平时锁存，低电平时传输数据。真值表如表 8-2 所示。

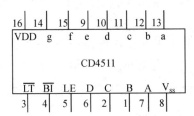

图 8-8　CD4511 引脚图

表 8-2　CD4511 真值表

输　　入							输　　出							显示字形
LE	BI	LT	D	C	B	A	a	b	c	d	e	f	g	
X	X	0	X	X	X	X	1	1	1	1	1	1	1	8
X	0	1	X	X	X	X	0	0	0	0	0	0	0	消隐
0	1	1	0	0	0	1	1	1	1	1	1	1	0	0
0	1	1	0	0	1	0	0	1	1	0	0	0	0	1

续表

输　入								输　出							显示字形
LE	BI	LT	D	C	B	A		a	b	c	d	e	f	g	
0	1	1	0	0	0	1	1	1	1	0	1	1	0	1	2
0	1	1	0	0	1	0	0	1	1	1	1	0	0	1	3
0	1	1	0	0	1	0	1	0	1	1	0	0	1	1	4
0	1	1	0	0	1	1	0	1	0	1	1	0	1	1	5
0	1	1	0	0	1	1	1	0	0	1	1	1	1	1	6
0	1	1	0	1	0	0	0	1	1	1	0	0	0	0	7
0	1	1	0	1	0	0	1	1	1	1	1	1	1	1	8
0	1	1	0	1	0	1	0	1	1	1	0	0	1	1	9
0	1	1	0	1	0	1	1	0	0	0	0	0	0	0	消隐
0	1	1	0	1	1	0	0	0	0	0	0	0	0	0	消隐
0	1	1	0	1	1	0	1	0	0	0	0	0	0	0	消隐
0	1	1	0	1	1	1	0	0	0	0	0	0	0	0	消隐
0	1	1	0	1	1	1	1	0	0	0	0	0	0	0	消隐

　　用 CD4511 来驱动数码管后,此时我们发现再用 PLC 控制 CD4511,可以大大节约 PLC 的输出端子。

　　因此,在工程实践中多采用此法,硬件电路如图 8-9 所示,这里 CD4511 的引脚 BI、LT 接电源的正极,LE 接地,电源电压为 3~18 V,电路图中不再标出。

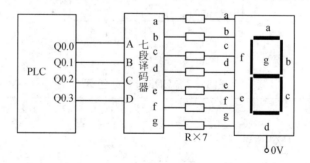

图 8-9　CD4511 驱动的数码管与 PLC 的连接

　　需要用数码管显示某个数字时,我们该如何编写程序来实现呢? 从表 8-2 中我们可以得知,如要显示数字"2",只需要让 CD4511 的"DCBA"端子对应"0010"电平即可,结合图 8-9,即让 PLC 的输出端子 Q0.3、Q0.2、Q0.1、Q0.0 输出对应"0010"电平。因此,编写出实现该控制的程序如图 8-10 所示,即当 M100.0 常开触点闭合时,数码管上显示数字"2"。

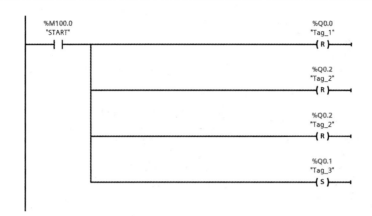

图 8-10 七段译码器驱动数码管的 PLC 程序

8.2.3 数学函数指令

博途平台提供了一系列的数学函数指令,当需要 S7-1200 PLC 进行数字量处理,模拟量处理和 PID 控制时都会用到。本书将重点介绍加(ADD)、减(SUB)、乘(MUL)、除(DIV 和 MOD)、递增(INC)和递减(DEC)等指令及其应用。

1. 加指令(ADD)

加指令(ADD)的梯形图符号及参数如表 8-3 所示。当使能输入端 EN 为高电平时,将输入 IN1 的值与输入 IN2 的值相加,将结果输出到 OUT 端(OUT=IN1+IN2)。

表 8-3 加指令梯形图符号及参数

梯形图符号	端子	作用	数据类型
ADD Auto (???) EN — ENO <???> — IN1 OUT — <???> <???> — IN2	EN	使能输入	BOOL
	ENO	使能输出	BOOL
	IN1	加数 1	整数、浮点数
	IN2	加数 2	整数、浮点数
	OUT	和	整数、浮点数

单击指令中的 图标可以添加可选输入项。在使用该指令时,务必从指令框的 ??? 下拉列表中选择该指令的数据类型。

如图 8-11 所示,指令数据类型选择 SInt(8 位有符号整数),则 IN1、IN2 和 OUT 端的数据类型要与之匹配。该程序实现的功能为如 MB100=8,当按下按钮 SB 时,激活加指令,执行 8 加 10 的操作,结果存储在 OUT 端的 MB200 中,则 MB200 中的数为整数

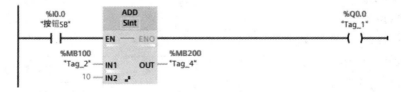

图 8-11 加指令应用

18(8＋10＝18)。Q0.0 得电,但随着 EN 端信号的消失,Q0.0 会立即失电。

2. 减指令(SUB)

减指令(SUB)的梯形图符号及参数如表 8-4 所示。当使能输入端 EN 为高电平时,将输入 IN1 的值减去输入 IN2 的值,将结果输出到 OUT 端(OUT＝ IN1－IN2)。

表 8－4　减指令梯形图符号及参数

梯形图符号	端子	作用	数据类型
SUB Auto (???) EN — ENO <???> IN1　OUT — <???> <???> IN2	EN	使能输入	BOOL
	ENO	使能输出	BOOL
	IN1	被减数	整数、浮点数
	IN2	减数	整数、浮点数
	OUT	差	整数、浮点数

如图 8-12 所示,指令数据类型选择 UInt(16 位无符号整数),则 IN1、IN2 和 OUT 端的数据类型要与之匹配,这里用字存储单元。该程序实现的功能为如 MW100 和 MW200 中原来存放的数据分别为整数 28 和 10,当按下按钮 SB 时,激活减指令,执行 28 减 10 的操作,结果存储在 OUT 端的 MW300 中,则 MW300 中的数为整数 18(28－10＝18)。Q0.0 得电,但随着 EN 端信号的消失,Q0.0 会立即失电。

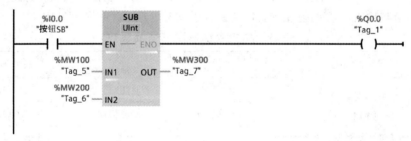

图 8-12　减指令应用

3. 乘指令(MUL)

乘指令(MUL)的梯形图符号及参数如表 8-5 所示。当使能输入端 EN 为高电平时,输入 IN1 的值和输入 IN2 的值相乘,将结果输出到 OUT 端(OUT＝IN1×IN2)。

表 8－5　乘指令梯形图符号及参数

梯形图符号	端子	作用	数据类型
MUL Auto (???) EN — ENO <???> IN1　OUT — <???> <???> IN2 ❖	EN	使能输入	BOOL
	ENO	使能输出	BOOL
	IN1	乘数 1	整数、浮点数
	IN2	乘数 2	整数、浮点数
	OUT	积	整数、浮点数

如图 8－13 所示，指令数据类型选择 Int(16 位有符号整数)，则 IN1、IN2 和 OUT 端的数据类型要与之匹配，这里用字存储单元。该程序实现的功能为如 MW100 和 MW200 中原来存放的数据分别为整数 28 和 10，当按下按钮 SB 时，激活乘指令，执行 28 乘以 10 的操作，结果存储在 OUT 端的 MW300 中，则 MW300 中的数为整数 280(28×10＝280)。Q0.0 得电，但随着 EN 端信号的消失，Q0.0 会立即失电。

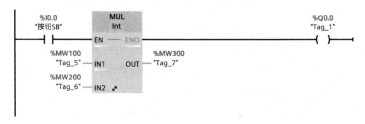

图 8－13　乘指令应用

4. 除指令(DIV)

除指令(DIV)的梯形图符号及参数如表 8－6 所示。当使能输入端 EN 为高电平时，输入 IN1 的值除以输入 IN2 的值，将得到的商输出到 OUT 端(OUT＝IN1÷IN2)。

如图 8－14 所示，指令数据类型选择 Real(32 位浮点数)，则 IN1、IN2 和 OUT 端的数据类型要与之匹配，这里用双字存储单元。该程序实现的功能为如 MD100 中原来存放的数据为实数 120.0，IN2 端是常数 6.0，当按下按钮 SB 时，激活除指令，执行 120.0÷6.0 的操作，结果存储在 OUT 端的 MW300 中，则 MW300 中的数为 20.0(120.0÷6.0＝20.0)。Q0.0 得电，但随着 EN 端信号的消失，Q0.0 会立即失电。

表 8－6　除指令梯形图符号及参数

梯形图符号	端子	作用	数据类型
DIV Auto (???) EN — ENO <???> — IN1 OUT — <???> <???> — IN2	EN	使能输入	BOOL
	ENO	使能输出	BOOL
	IN1	被除数	整数、浮点数
	IN2	除数	整数、浮点数
	OUT	商	整数、浮点数

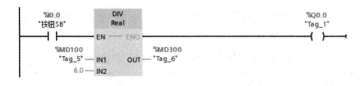

图 8－14　除指令应用

5. 返回余数的除指令(MOD)

返回余数的除指令(MOD)的梯形图符号及参数如表 8－7 所示。当使能输入端 EN 为高电平时，输入 IN1 的值除以输入 IN2 的值，将所得的余数输出到 OUT 端。

表 8-7　返回余数除指令梯形图符号及参数

梯形图符号	端子	作用	数据类型
MOD Auto (???) EN — ENO <???> — IN1　OUT — <???> <???> — IN2	EN	使能输入	BOOL
	ENO	使能输出	BOOL
	IN1	被除数	整数、浮点数
	IN2	除数	整数、浮点数
	OUT	余数	整数、浮点数

如图 8-15 所示，指令数据类型选择 USInt（8 位无符号整数），则 IN1、IN2 和 OUT 端的数据类型要与之匹配，这里用字节存储单元。该程序实现的功能为如果 MB100 中原来存放的数据为实数 98，IN2 端是常数 10，当按下按钮 SB 时，激活返回余数除指令，执行 98 除以 10 的操作，将所得的余数存储在 OUT 端的 MB300 中，则 MB300 中的数为 8。返回余数指令结合除指令可以实现某个整数各个位的分离。

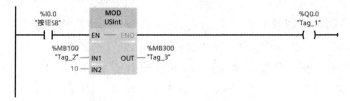

图 8-15　返回余数的除指令应用

6. 递增指令(INC)

递增指令(INC)的梯形图符号及参数如表 8-8 所示。当使能输入端 EN 为高电平时，将参数 IN/OUT 中的操作数的值加 1。

表 8-8　递增指令梯形图符号及参数

梯形图符号	端子	作用	数据类型
INC ??? EN — ENO <???> — IN/OUT	EN	使能输入	BOOL
	ENO	使能输出	BOOL
	IN/OUT	要递增的值	整数

7. 递减指令(DEC)

递减指令(DEC)的梯形图符号及参数如表 8-9 所示。当使能输入端 EN 为高电平时，将参数 IN/OUT 中的操作数的值减 1。

表 8-9　递减指令梯形图符号及参数

梯形图符号	端子	作用	数据类型
DEC ??? EN — ENO <???> — IN/OUT	EN	使能输入	BOOL
	ENO	使能输出	BOOL
	IN/OUT	要递减的值	整数

8.2.4　字逻辑运算指令

字逻辑运算指令就是实现对字节、字或者双字逐位进行逻辑运算，包括与运算（AND）、或运算（OR）和异或运算（XOR）等。本书只介绍与运算（AND）和或运算（OR）指令及应用。

1. 与运算指令（AND）

与运算指令（AND）的梯形图符号及参数如表 8-10 所示。当使能输入端 EN 为高电平时，输入 IN1 的值和输入 IN2 的值按位做"与"运算，将运算结果输出到 OUT 中。

与运算的原则为 0 与 0 结果为 0，0 与 1 结果为 0，1 与 1 结果为 1。

表 8-10　与运算指令梯形图符号及参数

梯形图符号	端子	作用	数据类型
	EN	使能输入	BOOL
	ENO	使能输出	BOOL
	IN1	与运算值 1	位字符串
	IN2	与运算值 2	位字符串
	OUT	与运算结果	位字符串

如图 8-16 所示，指令数据类型选择位字符串 Byte(字节)，则 IN1、IN2 和 OUT 端的数据类型要与之匹配，用字节存储单元。该程序实现的功能为：如果 MB100 和 MB200 中原来存放的数据分别为 16#6B 和 16#52，则当 M10.0 常开触点闭合时，激活与运算指令，执行 IN1 与 IN2 中的数据按位与的操作，将所得的结果 16#42 存储在 OUT 端的 MB300 中，Q0.0 得电。当 M10.0 断开时，即 EN 端信号消失，Q0.0 失电。

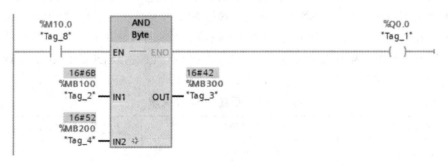

图 8-16　与运算指令应用

2. 或运算指令（OR）

或运算指令（OR）的梯形图符号及参数如表 8-11 所示。当使能输入端 EN 为高电平时，输入 IN1 的值和输入 IN2 的值按位做"或"运算，将运算结果输出到 OUT 中。

表 8-11　或运算指令梯形图符号及参数

梯形图符号	端子	作用	数据类型
	EN	使能输入	BOOL
	ENO	使能输出	BOOL
	IN1	被除数	整数、浮点数
	IN2	除数	整数、浮点数
	OUT	余数	整数、浮点数

或运算的原则为 1 或 1 结果为 1，1 或 0 结果为 1，0 或 0 结果为 0。如图 8-17 所示，指令数据类型选择位字符串 Word(字)，则 IN1、IN2 和 OUT 端的数据类型要与之匹配，用字存储单元。该程序实现的功能为如 MW100 和 MW200 中原来存放的数据分别为 16#2568 和 16#1205，当 M10.0 常开触点闭合时，激活或运算指令，执行 IN1 与 IN2 中的数据按位或的操作，将所得的结果 16#376D 存储在 OUT 端的 MW300 中。

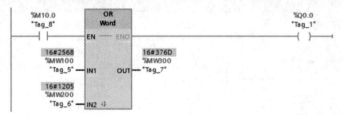

图 8-17　或运算指令应用

8.3　项 目 实 施

8.3.1　硬件电路设计与搭建

1. 分配 PLC I/O 点

根据本项目描述多路抢答 PLC 控制系统的要求，控制系统的输入端元件有 6 个：4 个选手抢答按钮 SB1～SB4，一个答题开始命令按钮 SB0 和复位按钮 SB5。输出信号需要控制的对象有一位数码管(为节约 PLC 输出端子的资源，本项目采用七段码译码器驱动共阴极数码管)需要 4 个 PLC 输出端子，三个指示灯 L1～L3。PLC 选取 CPU1214C DC/DC/RLY 为继电器输出。系统 PLC 的 I/O 配置如表 8-12 所示。

表 8-12　系统 I/O 分配表

输入/输出类别	元件名称/符号	I/O 地址
输入	答题开始按钮 SB0	I0.0
	选手 1 抢答按钮 SB1	I0.1
	选手 2 抢答按钮 SB2	I0.2
	选手 3 抢答按钮 SB3	I0.3
	选手 4 抢答按钮 SB4	I0.4
	复位按钮 SB5	I0.5

输入/输出类别	元件名称/符号	I/O 地址
输出	CD4511 的 A 脚	Q0.0
	CD4511 的 B 脚	Q0.1
	CD4511 的 C 脚	Q0.2
	CD4511 的 D 脚	Q0.3
	有效抢答指示灯 L1	Q0.4
	违规抢答指示灯 L2	Q0.5
	超时指示灯 L3	Q0.6

2. 绘制硬件电路图

实现多路抢答 PLC 控制系统的硬件电路图如图 8 - 18 所示。CD4511 芯片的工作电源通常为直流 5 V 电源，且 PLC 的公共端 1L/2L 应该接电源的正极，CD4511 的引脚 BI、LT 接电源的正极，引脚 LE 接电源的 0V。

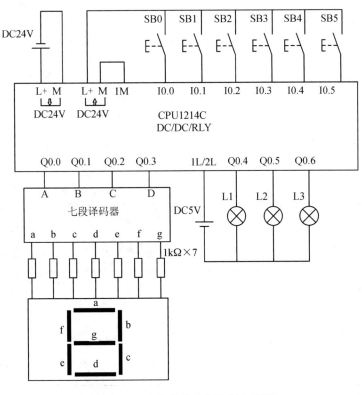

图 8 - 18　多路抢答系统控制电路图

3. 搭建硬件电路

根据图 8 - 18 所示搭建多路抢答系统的硬件电路。

【注】　在进行实际电路搭建时，要注意屏蔽 PLC 模块工作时对系统的显示部分电子电路造成的电磁干扰。

8.3.2 控制程序设计

多路抢答系统的控制梯形图如图 8－19 所示。设计该控制程序时，应从以下三个方面来入手：有效抢答，违规抢答和组号显示。

1. 有效抢答

在主持人按下开始按钮之后，且在计时 10 s 之内抢答，事先设置了有效抢答标志位 M20.1～20.3，如程序段 3～5 所示，为了满足当有组抢先按下抢答按钮后，其他组再按抢答按钮将无效，程序中用 M20.1～20.3 的常闭触点进行了互锁。

2. 违规抢答

如程序段 6～8 所示，与有效抢答程序设计思路一样，设置了违规抢答标志位 M30.1～30.3，并实现了互锁。

程序段1：系统初始化，复位各标志位和PLC的输出位存储器Q

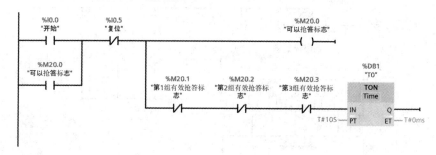

程序段2：主持人发出抢答命令，并开始计时

程序段3：第1组有效抢答

程序段4：第2组有效抢答

```
  %I0.2      %M20.0                %M20.1      %M20.3      %M20.2
  "SB2"     "可以抢答标志"   "T0".Q  "第1组有效抢答标  "第3组有效抢答标  "第2组有效抢答标
                                        志"         志"         志"
 ──┤├────────┤├──────┬──┤/├──────┤/├──────────┤/├──────────( )──
                     │
  %M20.2             │
 "第2组有效抢答标     │
    志"              │
 ──┤├────────────────┘
```

程序段5：第3组有效抢答

```
  %I0.3      %M20.0                 %M20.0     %M20.1      %M20.2      %M20.3
  "SB3"     "可以抢答标志"   "T0".Q  "可以抢答标志" "第1组有效抢答 "第2组有效抢答 "第3组有效抢答
                                                    志"        标志"       标志"
 ──┤├────────┤├──────┬──┤/├──────┤/├───────┤/├─────────┤/├─────────( )──
                     │
  %M20.3             │
 "第3组有效抢答标     │
    志"              │
 ──┤├────────────────┘
```

程序段6：第1组违规抢答

```
  %I0.1         %M20.0          %M30.2      %M30.3      %M30.1
  "SB1"        "可以抢答标志"   "第2组违规抢答  "第3组违规抢答  "第1组违规抢答标
                                   志"         志"         志"
 ──┤├──────┬──────┤/├──────────┤/├──────────┤/├──────────( )──
           │
  %M30.1   │
 "第1组违规抢答标 │
    志"    │
 ──┤├──────┘
```

程序段7：第2组违规抢答

```
  %I0.2         %M20.0          %M30.1      %M30.3      %M30.2
  "SB2"        "可以抢答标志"   "第1组违规抢答标  "第3组违规抢答  "第2组违规抢答标
                                   志"         志"         志"
 ──┤├──────┬──────┤/├──────────┤/├──────────┤/├──────────( )──
           │
  %M30.2   │
 "第2组违规抢答标 │
    志"    │
 ──┤├──────┘
```

程序段8：第3组违规抢答

```
  %I0.3         %M20.0          %M30.1      %M30.2      %M30.3
  "SB3"        "可以抢答标志"   "第1组违规抢答标  "第2组违规抢答  "第3组违规抢答标
                                   志"         志"         志"
 ──┤├──────┬──────┤/├──────────┤/├──────────┤/├──────────( )──
           │
  %M30.3   │
 "第3组违规抢答标 │
    志"    │
 ──┤├──────┘
```

程序段9：显示组号"1"

```
        %M20.1
     "第1组有效抢答标                                    %Q0.0
         志"                                            "A脚"
    ─────┤ ├─────┬──────────────────────────────────────( S )────

        %M30.1                                           %Q0.1
     "第1组违规抢答标                                    "B脚"
         志"                                        (RESET_BF)
    ─────┤ ├─────┘                                          3
```

程序段10：显示组号"2"

```
        %M20.2
     "第2组有效抢答标                                    %Q0.0
         志"                                            "A脚"
    ─────┤ ├─────┬──────────────────────────────────────( R )────

        %M30.2                                           %Q0.1
     "第2组违规抢答标                                    "B脚"
         志"                                            ( S )
    ─────┤ ├─────┤

                                                         %Q0.2
                                                         "C脚"
                                                      (RESET_BF)
                 └───────────────────────────────────────  2
```

程序段11：显示组号"3"

```
        %M20.3
     "第3组有效抢答标                                    %Q0.0
         志"                                            "A脚"
    ─────┤ ├─────┬──────────────────────────────────────(SET_BF)
                                                            2
        %M30.3                                           %Q0.2
     "第3组违规抢答标                                    "C脚"
         志"                                          (RESET_BF)
    ─────┤ ├─────┘                                          2
```

程序段12：有效抢答指标灯亮

```
        %M20.1
     "第1组有效抢答标                                    %Q0.4
         志"                                          "有效L1"
    ─────┤ ├─────┬──────────────────────────────────────( )────

        %M20.2
     "第2组有效抢答标
         志"
    ─────┤ ├─────┤

        %M20.3
     "第3组有效抢答标
         志"
    ─────┤ ├─────┘
```

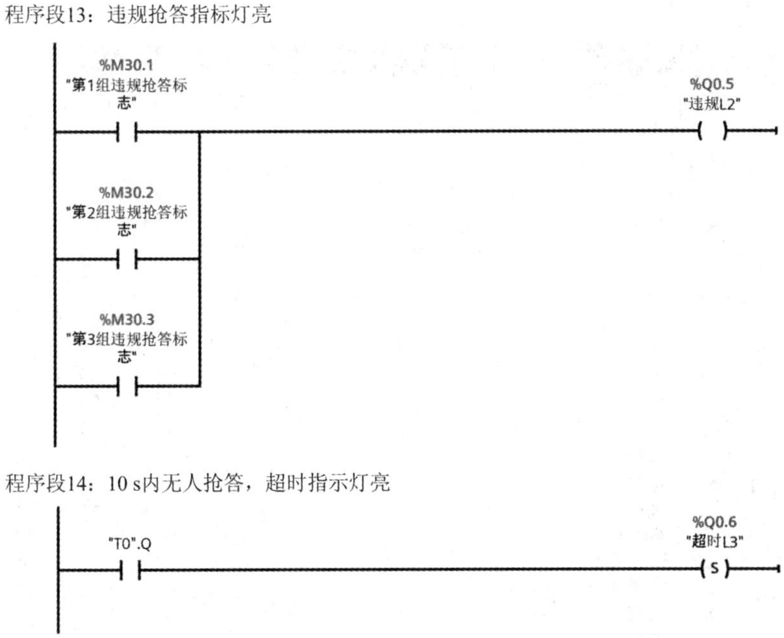

程序段13：违规抢答指标灯亮

```
    %M30.1                                              %Q0.5
"第1组违规抢答标                                        "违规L2"
     志"
─────┤ ├─────────┬───────────────────────────────────( )────────

    %M30.2
"第2组违规抢答标
     志"
─────┤ ├─────────┤
    %M30.3
"第3组违规抢答标
     志"
─────┤ ├─────────┘
```

程序段14：10 s内无人抢答，超时指示灯亮

```
    "T0".Q                                              %Q0.6
                                                       "超时L3"
─────┤ ├──────────────────────────────────────────────( S )───────
```

图 8-19 多路抢答系统控制梯形图

3．组号显示

当某组有效抢答或违规抢答时都需要显示组号，因此可以将该组的有效抢答标志位和违规抢答标志位的常开触点并联，作为组号显示的条件，如程序段9～11所示。

8.3.3 系统运行与调试

1．PLC 硬件组态

1）创建新项目

打开博途平台，创建新项目，项目命名为"PLC 实现多路抢答系统控制"，并保存项目。

2）添加 CPU 模块

在项目视图中的项目树设备栏中，双击"添加新设备"，添加模块 CPU1214C DC/DC/RLY。由于系统控制程序中需要在 PLC 上电时便对相关存储器进行初始化工作，所以勾选"启动系统存储器字节"。

3）下载硬件配置

在项目树中，单击"PLC_1"，然后单击鼠标右键，鼠标移至"下载到设备"命令，选择"硬件配置"。根据提示按步骤完成硬件配置下载。

2．编辑变量表

按图 8-20 所示编辑本项目的变量表。

3．录入程序

在项目视图左侧的项目树中，展开"PLC_1"→"程序块"，双击 Main【OB1】，打开主程序块 OB1。在打开的程序编辑器窗口中输入图 8-19 所示的梯形图。具体操作步骤可以参

考项目 4 中的相关内容。

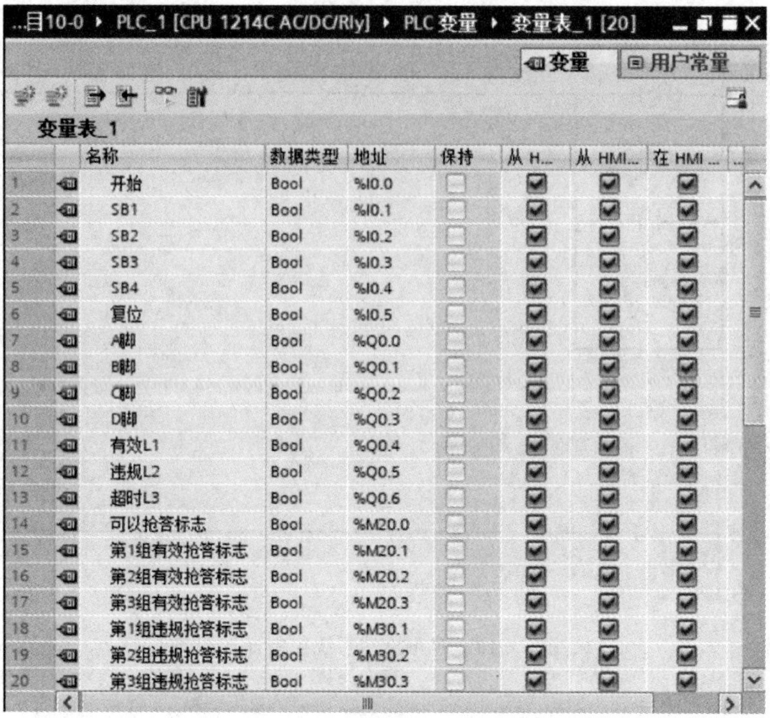

	名称	数据类型	地址	保持	从 H...	从 HMI...	在 HMI ...
1	开始	Bool	%I0.0	☐	☑	☑	☑
2	SB1	Bool	%I0.1	☐	☑	☑	☑
3	SB2	Bool	%I0.2	☐	☑	☑	☑
4	SB3	Bool	%I0.3	☐	☑	☑	☑
5	SB4	Bool	%I0.4	☐	☑	☑	☑
6	复位	Bool	%I0.5	☐	☑	☑	☑
7	A脚	Bool	%Q0.0	☐	☑	☑	☑
8	B脚	Bool	%Q0.1	☐	☑	☑	☑
9	C脚	Bool	%Q0.2	☐	☑	☑	☑
10	D脚	Bool	%Q0.3	☐	☑	☑	☑
11	有效L1	Bool	%Q0.4	☐	☑	☑	☑
12	违规L2	Bool	%Q0.5	☐	☑	☑	☑
13	超时L3	Bool	%Q0.6	☐	☑	☑	☑
14	可以抢答标志	Bool	%M20.0	☐	☑	☑	☑
15	第1组有效抢答标志	Bool	%M20.1	☐	☑	☑	☑
16	第2组有效抢答标志	Bool	%M20.2	☐	☑	☑	☑
17	第3组有效抢答标志	Bool	%M20.3	☐	☑	☑	☑
18	第1组违规抢答标志	Bool	%M30.1	☐	☑	☑	☑
19	第2组违规抢答标志	Bool	%M30.2	☐	☑	☑	☑
20	第3组违规抢答标志	Bool	%M30.3	☐	☑	☑	☑

图 8-20　PLC 变量表

4. 编译与下载

程序录入后进行编译，编译通过后进行程序下载，具体操作步骤可以参考项目 4 中的相关内容。

5. 运行监视

单击程序编辑器中工具栏的“启用/禁用监视”图标按钮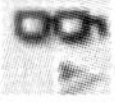，进入程序运行监视状态。

6. 系统调试及结果记录

1）有效抢答功能调试

按下开始按钮 SB0，并在 10 s 之内按下第 1 组抢答按钮，观察有效抢答指示灯 L1 是否点亮，数码管上是否显示数字“1”。之后再依次按下第 2、3 组抢答按钮，观察系统是否实现互锁。如果“是”，则系统调试通过。

2）违规抢答功能调试

按下第 1 组抢答按钮，观察违规指示灯 HL2 是否点亮，数码管上是否显示数字“1”。之后再依次按下第 2、3 组抢答按钮，观察系统是否实现互锁。如果“是”，则系统调试通过。

3）超时无人抢答功能调试

按下开始按钮 SB0，并在定时器定时 8 s 之后，观察超时指示灯 HL3 是否点亮，如果“是”，则系统调试通过。

根据表 8-13 所示的步骤操作，观察系统运行状况，并将相关结果记录在表中。

表 8 - 13　调试结果记录表

步骤	操作	有效抢答指示灯 L1（亮/灭）	违规指示灯 L2（亮/灭）	超时指示灯 L3（亮/灭）	数码管显示
1	有效抢答功能调试				
2	违规抢答功能调试				
3	超时无人抢答功能调试				

8.3.4　考核评价

内容	评分点	配分	评分标准	自评	互评	师评
系统硬件电路设计 10 分	元器件的选型	5	元器件选型合理；能很好地掌握元器件型号的含义；遵循电气设计安全原则			
	电气原理图的绘制	5	电路设计规范，符合实际工程设计要求；电路整体美观，图形符号规范、正确，错 1 处扣 1 分			
硬件电路搭建 25 分	布线工艺	5	能按控制要求合理走线，且能考虑最优的接线方案，节约使用耗材。符合要求得 5 分。否则酌情扣分			
	接线头工艺	10	连接的所有导线，必须压接接线头，不符合要求扣 1 分/处；同一接线端子超过两个线头、露铜超 2 mm，扣 1 分/处；符合要求得 10 分			
	硬件互锁	5	硬件电路接线有正反转互锁连线得 5 分			
	整体美观	5	根据工艺连线的整体美观度酌情给分，所有接线工整美观得 5 分			
系统功能调试 45 分	有效抢答功能调试	20	指示灯 L1 点亮，数码管上显示对应组号得 10 分；实现了组别之间的互锁得 10 分			
	违规抢答功能调试	20	指示灯 L2 点亮，数码管上显示对应组号得 10 分；实现了组别之间的互锁得 10 分			
	超时无人抢答功能调试	5	指示灯 L3 点亮得 5 分			
职业素养与安全意识 20 分	工具摆放	5	保持工位整洁，工具和器件摆放符合规范，工具摆放杂乱，影响操作，酌情扣分			
	团队意识	5	团队分工合理，有分工有合作			
	操作规范	10	操作符合规范，未损坏工具和器件，若因操作不当，造成器件损坏，该项不得分			
	创新加分	5				
得　分						

8.4　知识延伸——多位数码管显示

如系统中需要控制多位数码管显示时，那么该如何设计系统的 PLC 控制电路呢？

如某控制系统中需要两个数码管来显示两位数字或单独显示不同内容，为了节约 PLC 输出点的资源，我们可以采用图 8－21 所示的电路图。

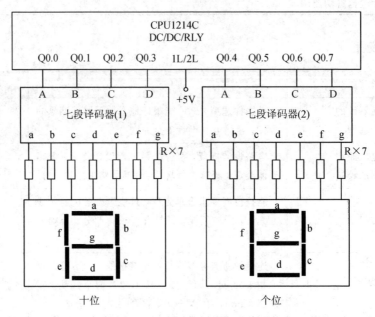

图 8－21　多位数码管显示硬件电路图

为了电路设计方便，我们可以选用多位一体的数码管，目前市面上有两位、三位和四位一体的数码管。大家可以根据需要进行选择。

8.5　拓展训练——停车场车位数显示控制

已知某小型停车场，有停车位小于 100 个，停车场的入口处和出口处各安装了一个车辆检测传感器，且在停车场的入口处安装了两位数码管用来显示空余车位的数量。当停车场没有空车位时数码管显示"00"；入口处车辆检测传感器每被触发 1 次，车位数减 1；出口处车辆检测传感器每被触发 1 次，车位数加 1。本系统设置有系统启动按钮和复位按钮。

1. 分配 PLC I/O 点

根据项目的控制要求，系统所需的 I/O 点数为 4 个输入和 6 个输出点数，其中空余车位数的显示需要两位数码管，这里采用图 8－21 所示的连接方式，PLC 选取 CPU1214C DC/DC/DC。系统的 I/O 分配如表 8－14 所示。

表 8 - 14 系统 I/O 分配表

输入/输出类别	元件名称/符号	I/O 地址
输入	入口车辆检测 SQ1	I0.0
	出口车辆检测 SQ2	I0.1
	启动按钮 SB0	I0.2
	复位按钮 SB1	I0.3
输出	CD4511(1)A 脚	Q0.0
	CD4511(1)B 脚	Q0.1
	CD4511(1)C 脚	Q0.2
	CD4511(1)D 脚	Q0.3
	CD4511(2)A 脚	Q0.4
	CD4511(2)B 脚	Q0.5
	CD4511(2)C 脚	Q0.6
	CD4511(2)D 脚	Q0.7

2. 绘制硬件电路图

根据 I/O 分配表绘制本系统的 PLC 控制电路图如图 8 - 22 所示。输入端的电源可以使用 PLC 模块自身对外提供的直流 24 V 电源。

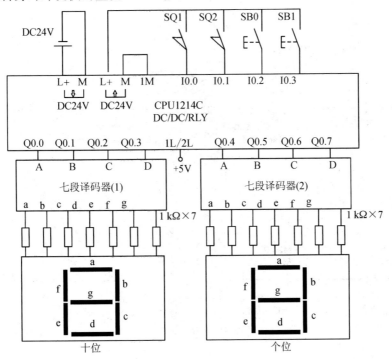

图 8 - 22 系统 PLC 控制电路图

3. 设计系统控制程序

根据本项目控制要求,结合系统 PLC 的 I/O 分配表和控制电路图,设计出实现停车场车位显示控制的 PLC 梯形图如图 8-23 所示。

程序段1: 初始化

程序段2: 系统启动

程序段3: 入口检测触发, 车位数减1

程序段4: 出口检测触发, 车位数加1

程序段5：分离车位数的十位和个位

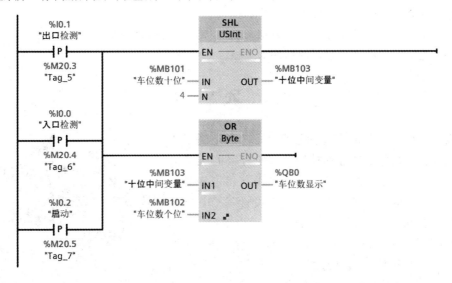

程序段6：将车位数个位和十位整合在一个字节单元中送去显示

图 8-23　停车场车位数显控制梯形图

实现停车场车位数量实时统计的方法有很多，可以用加减计数器或 PLC 的数学函数指令。本项目采用 S7-1200 PLC 的数学函数指令中的加法指令和减法指令来实现，接下来将实时统计的车位数量进行十位和个位分离，然后再分别送至对应的数码管进行显示。当 LED 显示器显示"00"，表示停车场无空余车位。当入口传感器 SQ1 被触发(I0.0 闭合)，即有车辆驶入，车位数减少 1；当出口传感器 SQ2 被触发(I0.1 闭合)，即有车辆驶出，即车位数增加 1。因此，空闲车位的实时统计可以使用数学函数指令中的加指令(ADD)和减指令(SUB)或者递增指令(INC)和递减指令(DEC)来实现。而车位数量的十位和个位分离可以使用除法指令(DIV 和 MOD)。程序段 5 使用了系统存储器位 M1.2(始终为 1)，因此务必勾选系统存储器字节。

项目 9　交通信号灯控制

知识目标

(1) 掌握 S7-1200 PLC 中的比较指令及其应用;

(2) 掌握顺序功能图的基本要素和基本结构;

(3) 掌握顺序功能图转梯形图的方法。

技能目标

(1) 学会用比较指令编写控制程序;

(2) 能够完成交通信号灯控制系统的硬件接线和软硬件调试;

(3) 能够绘制机械手控制的顺序功能图。

9.1　项目描述

　　在交通路口安装的交通信号灯,是疏通交通最为有效的手段,确保了良好的社会交通秩序和行人的人身安全,所以遵守交通规则是公民必须严格遵守的一项社会准则。本项目将带大家一起来设计一个智能交通信号灯控制系统,如图 9-1 所示。

图 9-1　交通信号灯示意图

　　当按下启动按钮 SB0 后,本系统开始工作。东西方向信号灯亮灭秩序为红灯亮 30 s,绿灯亮 25 s,闪动 3 s 灭(闪烁周期为 1 s),黄灯亮 2 s 灭;与此对应的南北方向信号灯亮灭秩序为绿灯亮 25 s,闪动 3 s 灭(闪烁周期为 1 s),黄灯亮 2 s 灭,红灯亮 30 s。系统以 60 s 为一个周期不断循环。当按下停止按钮 SB1 时,交通信号灯全部熄灭。

　　根据交通信号灯的控制要求,该控制过程中每个交通信号灯的亮灭都是严格遵循一定的秩序进行的。因此,我们在本项目中将使用 PLC 的另一种梯形图的设计方法——顺序控制设计法来实现本系统的控制。

9.2　知识链接

9.2.1　顺序控制设计法

　　在之前的项目中,梯形图的设计都是采用经验设计法。大家可以发现,在用经验设计法设计梯形图时，没有一套固定的方法和步骤可以遵循，使设计具有很大的试探性和随意性。在设计复杂系统的梯形图时，需要用大量的中间单元来完成记忆和互锁等功能，由于需要考虑的因素很多，这些因素往往又交织在一起，使分析起来非常困难，并且很容易遗漏一些应该考虑的因素。因此，梯形图的修改也很麻烦，往往要花很长的时间还得不到一个满意的结果。用经验法设计出的复杂梯形图很难阅读，给系统的维修和改进也带来了很大的困难。所以经验设计法主要用于一些简单的开关量控制系统中。

而对于根据生产或加工工艺要求，有一定顺序可循的控制系统，我们可以采用另一种梯形图的设计方法——顺序控制设计法。

所谓顺序控制，就是按照生产或加工工艺预先规定的顺序，在各个输入信号的作用下，根据内部状态和时间的顺序，在生产或加工过程中，各个执行机构自动有秩序地进行操作。顺序功能（流程）图则是顺序控制系统的一种描述语言，即将系统的一个工作周期划分为若干个顺序相连的状态，然后将各状态（步）按顺序用有向连线进行连接，各状态间用短横线表示从一个状态到另一个状态的转换条件，在每个状态下表示出该状态将要执行的动作（或命令），这样就形成了一个顺序功能图，如图 9-2 所示。

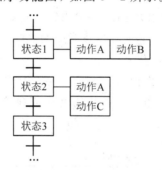

图 9-2　顺序功能图(1)

虽然 S7-1200 PLC 没有配备顺序功能图语言，但是我们可以用顺序功能图来描述系统的功能，根据顺序功能图来设计梯形图程序。

顺序控制设计法是一种先进的设计方法，很容易被初学者接受，对于有经验的工程师，会提高设计效率，也便于程序的调试、修改和阅读。

9.2.2　顺序功能图的基本要素

1. 步

在图 9-2 中的状态 1、状态 2 和状态 3 称为步（Step），通常用在矩形方框中写上编程元件（如位存储器 M）来表示。步是根据输出量的状态变化来划分的，步又分为初始步、活动步和不活动步。

1）初始步

与系统的初始状态相对应的步称为初始步。初始状态一般是系统等待启动命令时的相对静止状态。初始步用双线方框表示，每一个顺序功能图至少应有一个初始步。

2）活动步

当系统处于某一步所在的阶段时，该步处于活动状态，则称该步为"活动步"。步处于活动状态时,执行相应的非存储型动作;步处于不活动状态时,则停止执行动作。

2. 有向连线

在顺序功能图中,随着时间的推移和转换条件的实现,将会发生步的活动状态的进展,这种进展按有向连线规定的路线和方向进行。在画顺序功能图时,将代表各步的方框按它们成为活动步的先后顺序排列,并用有向连线将它们连接起来。习惯上步的活动状态的进展方向是从上到下或从左至右,在这两个方向上有向连线的箭头可以省略。如果不是上述的方向,则应在有向连线上用箭头注明步进展的方向。

3. 转换条件

使系统由当前步进入下一步的信号称为转换条件。转换条件可以是外部的输入信号,如按钮、指令开关和限位开关的接通或断开等;也可以是 PLC 内部产生的信号,如定时器和计数器常开触点的接通等,转换条件还可以是若干个信号的与、或、非逻辑组合。

4. 动作

在一个控制系统中,动作与步是相对应的,如图 9-1 所示的各个动作,通常在矩形框中用文字或变量来表示动作,可以是 PLC 的输出继电器 Q,存储器 M,也可以是 PLC 内部定时器、计数器等。该矩形框应与它所在的步对应的方框相连。如果某一步有多个动作时,可以用图 9-2 所示的两种画法来表示。

为了便于将顺序功能图转换为梯形图,用代表各步的编程元件的地址作为步的代号,并用编程元件的地址来标注转换条件和各步的动作或命令。此时的顺序功能图如图 9-3 所示。

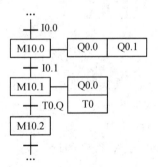

图 9-3　顺序功能图(2)

9.2.3　顺序功能图的基本结构

1. 单序列

单序列动作是一个接一个地完成每一步动作,每一步的后面仅有一个转换,每一个转换的后面只有一个步,如图 9-4(a)所示。

2. 选择序列

选择序列是指某一步后有若干个单序列等待选择,称为分支,转换条件标在水平连线之下。一般只允许同时选择进入一个序列,如图 9-4(b)所示,如果步 3 是活动步,并且转换条件 a 为 1 状态,则执行由步 3 到步 4 的进展。选择序列的结束称为合并,用一条水平连线来表示，水平连线以下不允许标转换条件。

3. 并行序列

并行序列是指在某一转换条件下同时激活若干个序列，这些序列称为并行序列。并行序列的开始称为分支。如图 9-4(c)所示，当步 3 是活动的，并且转换条件 g 为 1 状态，步 4 和步 6 同时变为活动步，同时步 3 变为不活动步。步 4 和步 6 被同时激活后，每个序列中活动步的进展将是独立的。并行序列的开始和结束都用双水平线来表示。在表示同步的水平双线之上，只允许有一个转换条件。

并行序列的结束称为合并，在表示同步的水平双线之下，只允许有一个转换条件。当直接连在双线上的所有前级步(步 5 和步 7)都处于活动状态，并且转换条件 h 为 1 状态时，才会发生步 5 和步 7 到步 8 的进展，即步 5 和步 7 同时变为不活动步，而步 8 变为活动步。

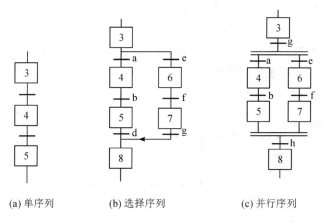

(a) 单序列　　　　　(b) 选择序列　　　　　(c) 并行序列

图 9-4　顺序功能图结构

9.2.4　顺序功能图的绘制

因为 S7-1200 PLC 没有配备顺序功能图语言，所以我们必须将描述控制系统功能的顺序功能图转换成梯形图。下面以一个例题来介绍顺序功能图的绘制以及如何将顺序功能图转换成梯形图。

【例 9-1】　要求实现绿灯 L1、黄灯 L2 和红灯 L3 的控制。控制要求为按下启动按钮 SB0，绿灯 L1 点亮，10 s 后绿灯 L1 灭，黄灯 L2 点亮，再经过 2 s 后黄灯 L2 灭，红灯 L3 点亮，10 s 后绿灯 L1 点亮，如此不断循环。按下停止按钮 SB1，灯全部熄灭。请绘制出该控制系统的顺序功能图，并将其转换成对应的梯形图。

分析：启动按钮 SB0 和停止按钮 SB1 分别接在 PLC 的 I0.0 和 I0.1 端子上，三盏灯 L1、L2、L3 分别接在 PLC 的 Q0.0、Q0.1、Q0.2 端子上。根据系统控制要求，这是一个单序列的控制系统，系统的控制过程可以分为 4 个状态，首先是初始状态，接着是绿灯 L1 点亮，黄灯 L2 点亮和红灯 L3 点亮 3 个状态，每个状态对应一个步，即总共 4 步。如图 9-5 所示，M10.0 为初始步，用双线方框来表示，而进入初始步的条件通常是当 PLC 一上电便自动进入，这里用 M1.0，所以在硬件组态时，勾选"启动系统存储器字节"，字节地址选用默认的 MB1。

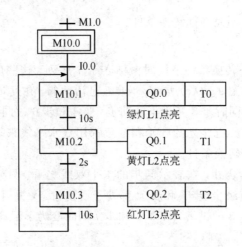

图 9-5　例 9-1 顺序功能图

顺序功能图转换为梯形图可以用"启-保-停"基本电路，也可以用置位、复位指令实现。
由顺序功能图转换的该系统控制梯形图如图 9-6 所示，采用"启-保-停"基本电路实现。

程序段1：初始化，对相关标志位清零

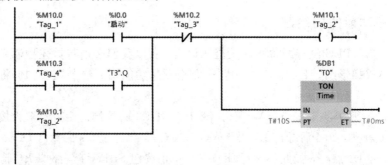

程序段2：点亮L1步，并开始10 s计时

程序段3：点亮L2步，并开始2 s计时

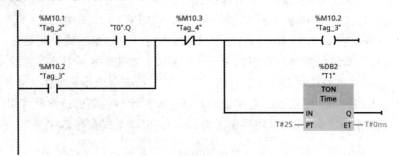

程序段4：点亮L3步，并开始10 s计时

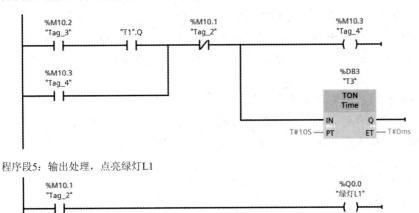

程序段5：输出处理，点亮绿灯L1

```
  %M10.1                                        %Q0.0
  "Tag_2"                                       "绿灯L1"
───┤├──────────────────────────────────────────( )───
```

程序段6：输出处理，点亮黄灯L2

```
  %M10.2                                        %Q0.1
  "Tag_3"                                       "黄灯L2"
───┤├──────────────────────────────────────────( )───
```

程序段7：输出处理，点亮红灯L3

```
  %M10.3                                        %Q0.2
  "Tag_4"                                       "红灯L3"
───┤├──────────────────────────────────────────( )───
```

程序段8：系统停止工作

```
  %I0.1                                         %M10.1
  "停止"                                        "Tag_2"
───┤├────────────────────────────────────────(RESET_BF)───
                                                  3
```

图 9 - 6　例 9 - 1 梯形图

顺序功能图转换为梯形图的原则：用前级步和转换条件相与运算作为当前步的启动信号，用后续步作为当前步的停止信号，其中启动信号用常开触点，停止信号用常闭触点。假设 M10.2 为当前步，则 M10.2 的前级步和后续步分别是 M10.1 和 M10.3，则 M10.2 步对应的梯形图如程序段 3 所示。这里注意 M10.1 的前级步应该有两步，分别是 M10.0 和 M10.3，对应的梯形图如程序段 2 所示。

顺序功能图中动作的控制程序一般放在把所有对应步的梯形图都编写完成后再编写，这样有利于合并不同步里的相同动作，避免出现双线圈的问题，如程序段 5、6、7 所示就是对每步动作的控制。

如果当前步有效（为活动步）时，它的前级步便无效（为不活动步）。在单序列和选择序列中，在任何时刻，只会有一步有效。这一点有助于检查和调试程序。

【注意】　绘制顺序功能图时应注意以下事项：

(1) 两个步之间绝对不能直接相连，必须用一个转换将它们分隔开。

(2) 两个转换之间也不能直接相连，必须用一个步将它们分隔开。

（3）在顺序功能图中的初始步，一般对应于系统等待启动的初始状态，这一步可能没有什么输出处于 ON 状态，因此有的初学者在画顺序功能图时很容易遗漏这一步。初始步在顺序功能图中是必不可少的，一方面因为该步与它的相邻步相比，从总体上来说输出变量的状态各不相同；另一方面如果没有该步，则系统无法表示初始状态，系统也无法返回等待启动的停止状态。

（4）自动控制系统应能多次重复执行同一过程，因此在顺序功能图中一般应有由步和有向连线组成的闭环。在单周期操作方式时，完成一次过程的全部操作之后，应从最后一步返回初始步，系统停留在初始状态。在连续循环工作方式时，应从最后一步返回下一工作周期开始运行的第一步。

9.2.5　比较指令

TIA 博途平台提供的比较指令如图 9-7 所示。我们可以将比较指令分为以下三类：数据大小比较指令，范围内和范围外指令，OK 和 NOT OK 指令。本项目只介绍数据大小比较指令。数据大小比较指令有等于(CMP==)、不等于(CMP<>)、大于或等于(CMP>=)、小于或等于(CMP<=)、大于(CMP>)和小于(CMP<)，用于对数据类型相同的输入操作数 1 和操作数 2 的大小进行比较。比较指令的梯形图符号如表 9-1 所示，输入操作数 1 和操作数 2 分别在触点的上面和下面。若比较结果为真，则触点被激活，有能流流过；若比较结果为假，则触点不被激活，没有能流流过。

表 9-1　数据大小比较指令梯形图

等于 (CMP==)	不等于 (CMP<>)	大于或等于 (CMP>=)	小于或等于 (CMP<=)	大于 (CMP>)	小于 (CMP<)
<???> ⊣==⊢ ???	<???> ⊣<>⊢ ???	<???> ⊣>=⊢ ???	<???> ⊣<=⊢ ???	<???> ⊣>⊢ ???	<???> ⊣<⊢ ???

双击梯形图指令中的符号"???"，然后单击右边出现的图标 ▼，选择该指令的数据类型，如图 9-8 所示。

图 9-7　比较指令

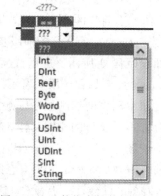

图 9-8　比较指令的数据类型

【例 9-2】　根据例 9-1 的控制要求，用定时器和数据大小比较指令来编程实现对绿灯 L1、黄灯 L2 和红灯 L3 的控制。

分析：在例 9-1 中，分别用了三个定时器来实现绿灯 L1 亮 10 s，黄灯 L2 亮 2 s，红灯 L3 亮 10 s 的定时。如果采用比较指令，就可以只需要用一个定时器进行 22 s 定时，然后将 22 s 分成 0～10 s、10～12 s 和 12～22 s 三个时间段，即 0～10 s 之间绿灯 L1 亮；10～12 s 之间黄灯 L2 亮；12～22 s 之间红灯 L3 亮。此时采用经验设计法设计出的梯形图如图 9-9 所示。

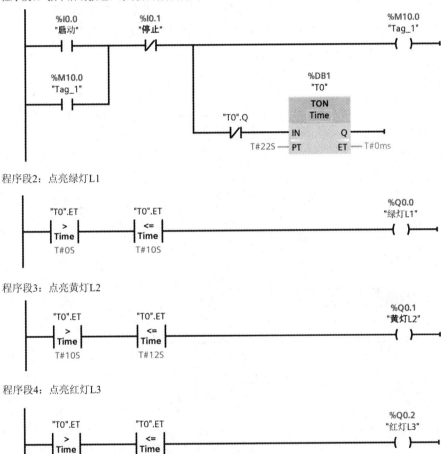

图 9-9　例 9-2 参考梯形图

9.2.6　程序控制指令

S7-1200 PLC 提供的程序控制指令如图 9-10 所示。本项目重点介绍 JMP 指令和 JMP_LIST 指令。

图 9-10　程序控制指令

1. JMP 指令(RLO="1"则跳转指令)

PLC 在执行没有跳转指令的程序时,是采用线性扫描方式逐条执行语句,而跳转指令则是中断了程序的顺序执行。当满足跳转条件时,PLC 将跳转到目标程序段标签处继续按线性扫描方式执行后续的程序。如图 9-11 所示,当 I0.0 常开触点闭合,则满足跳转条件,PLC 将跳转到指令给出的标签 A123 所在的目标程序段(跳转标签 A123 处),继续按线性扫描方式执行后续的程序;如果 I0.0 常开触点未闭合,则不满足跳转条件,PLC 继续顺序执行程序段 2 及后续的程序。

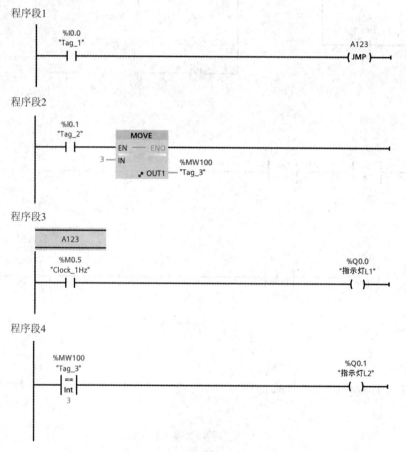

图 9-11　JMP 指令应用

【注意】 跳转指令与跳转的目标地址(跳转标签)必须位于同一个代码块中。在一个代码块中,同一个跳转标签只能出现一次,可以从不同的程序段跳转到同一个标签处,不能出现重复的跳转标签。

2. JMP_LIST 指令(定义跳转列表指令)

使用 JMP_LIST 指令可定义多个有条件的跳转,执行由 K 参数的值指定的程序段中的程序。可使用跳转标签定义跳转,跳转标签在指令框的输出中指定,指令框中输出数量默认只有 2 个,可以单击指令框中的图标 ❋(插入输出)增加输出数量,S7-1200 PLC 最多可以插入 32 个输出量。指令应用如图 9-12 所示。

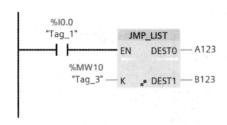

图 9-12   JMP_LIST 指令应用

当 I0.0 常开触点闭合，如果 K＝0，PLC 将跳转到标签 A123 所在的目标程序段（跳转标签 A123 处），继续按线性扫描方式执行后续的程序；如果 K＝1，PLC 将跳转到标签 B123 所在的目标程序段（跳转标签 B123 处），继续按线性扫描方式执行后续的程序；依次类推。

9.3   项目实施

9.3.1   硬件电路设计与搭建

1. 分配 PLC I/O 点

根据项目描述交通信号灯控制系统的控制要求，控制系统的输入端有 2 个信号：启动按钮 SB0 和停止按钮 SB1 的信号；被控对象为东西方向的绿、黄、红灯和南北方向的绿、黄、红灯，需要 6 个输出端子。也就是说，系统共需 2 个输入和 6 个输出点，共 8 个 I/O 点数。PLC 选取 CPU1214C DC/DC/RLY（由于本项目中存在指示灯的闪烁，所以在实际应用中尽量选择晶体管输出型 PLC）。PLC 的 I/O 分配表如表 9-2 所示。

表 9-2   交通信号灯控制系统的 I/O 分配表

输入/输出类别	元件名称/符号	I/O 地址
输入（2 点）	启动按钮 SB0	I0.0
	停止按钮 SB1	I0.1
输出（6 点）	东西方向红灯 L1 和 L2	Q0.0
	东西方向绿灯 L3 和 L4	Q0.1
	东西方向黄灯 L5 和 L6	Q0.2
	南北方向绿灯 L7、L8	Q0.3
	南北方向黄灯 L9、L10	Q0.4
	南北方向红灯 L11、L12	Q0.5

2. 绘制硬件电路图

智能交通信号灯控制系统的硬件电路图如图 9-13 所示。图中 PLC 输入端的电源使用

的是 PLC 模块自身对外提供的直流 24 V 电源,也可以选用外部直流 24 V 电源。指示灯的
工作电源选用直流 24 V 电源。

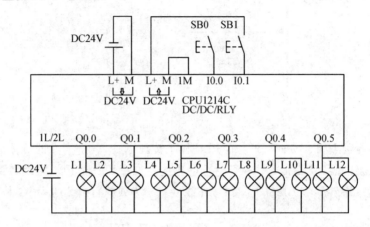

图 9 - 13　智能交通信号灯控制系统的硬件电路图

3. 搭建硬件电路

根据图 9 - 13 所示搭建智能交通信号灯控制系统的硬件电路。

9.3.2　控制程序设计

根据智能交通信号灯控制系统的控制要求,绘制出东西方向和南北方向各信号灯的控
制时序图如图 9 - 14 所示。在前半个周期 30 s 内,东西方向红灯亮期间,南北方向对应的
是绿灯亮 25 s,闪 3 s,然后黄灯亮 2 s;在后半个周期的 30 s 内,在南北方向红灯亮期间,东
西方向对应的是绿灯亮 25 s,闪 3 s,然后黄灯亮 2 s。下面介绍三种方法来编写该系统的控制
程序。

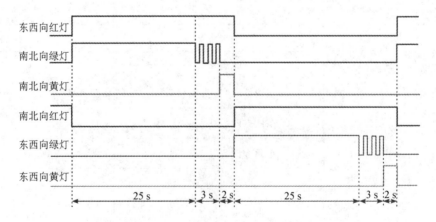

图 9 - 14　信号灯的控制时序图

1. 顺序控制设计法——单序列

当按下启动按钮后,该系统在一个控制周期内(60 s)的工作过程依次为 5 种状态:东西

向红灯亮、南北向绿灯亮(25 s)→东西向红灯亮、南北向绿灯闪(3 s)→东西向红灯亮、南北向黄灯亮(2 s)→南北向红灯亮、东西向绿灯亮(25 s)→南北向红灯亮、东西向绿灯闪(3 s)→南北向红灯亮、东西向黄灯亮(2 s)。顺序功能图如图 9 - 15 所示。将顺序功能图转换成梯形图请大家自行完成。

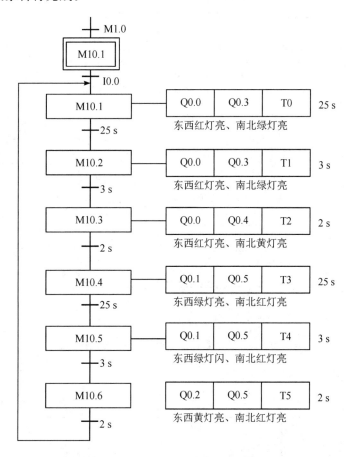

图 9 - 15 信号灯控制的顺序功能图(单序列)

2. 顺序控制设计法——并行序列

如果采用并行序列来分析,在一个控制周期内(60 s)东西方向红、绿、黄信号灯的控制依次为 4 种状态:东西向红灯亮(30 s)→东西向绿灯亮(25 s)→东西向绿灯闪(3 s)→东西向黄灯亮(2 s)。而与之对应的南北方向红、绿、黄信号灯的控制也依次为 4 种状态:南北向绿灯亮(25 s)→南北向绿灯闪(3 s)→南北向黄灯亮(2 s)→南北向红灯亮(30 s)。顺序功能图如图 9 - 16 所示。将顺序功能图转换成梯形图请大家自行完成。

3. 用比较指令和定时器实现

本项目除了采用顺序控制设计法编程外,还可以采用经验设计法,利用比较指令来实现。用定时器 T0 进行 60 s 定时,然后参考图 9 - 16 所示,对东西方向和南北方向信号灯单独编程,梯形图如图 9 - 17 所示。

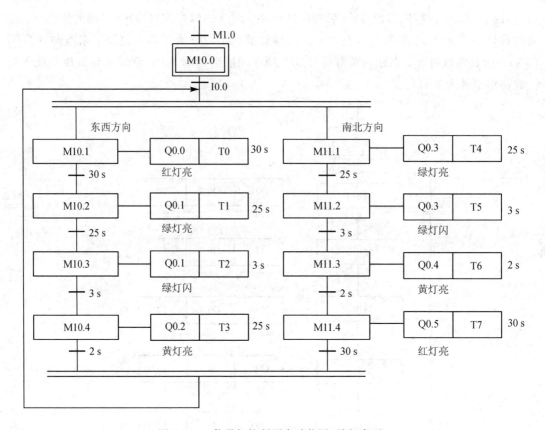

图 9 - 16　信号灯控制顺序功能图(并行序列)

程序段1：系统启动并开始定时

程序段2：东西向红灯亮30 s

程序段3：东西向绿灯亮25 s，然后闪3 s

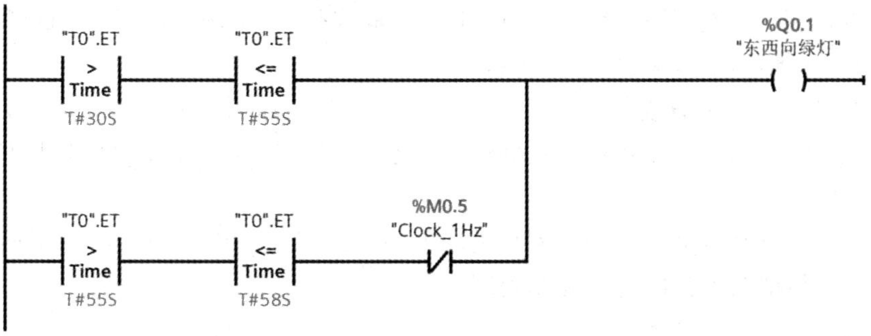

程序段4：东西向黄灯亮2 s

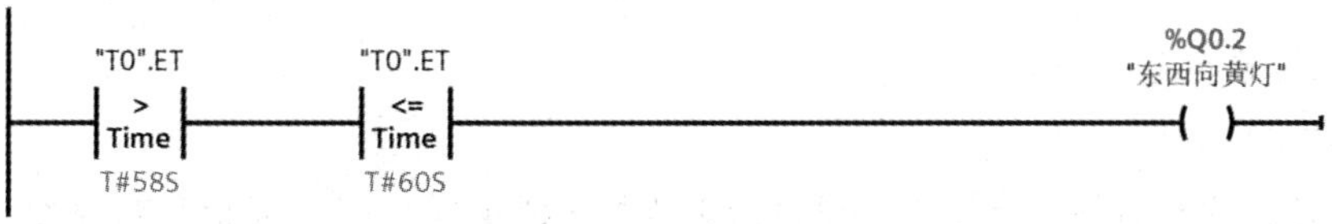

程序段5：南北向绿灯亮25 s，然后闪3 s

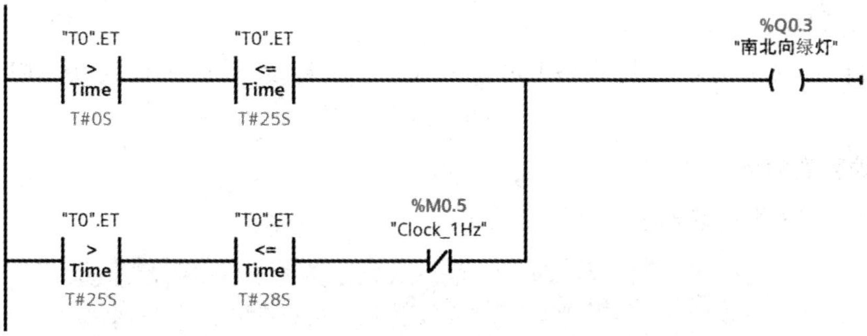

程序段6：南北向黄灯亮2 s

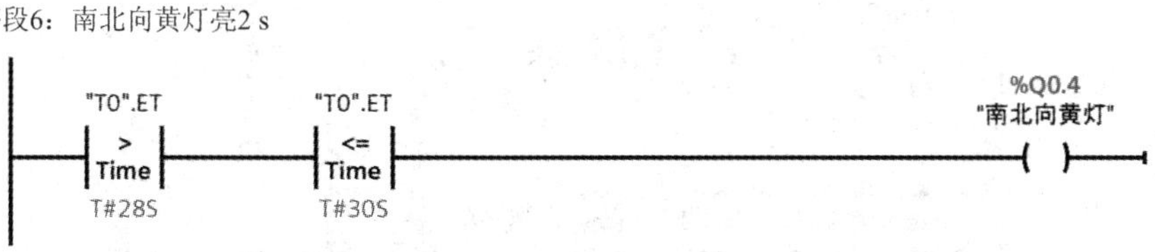

程序段7：南北向红灯亮30 s

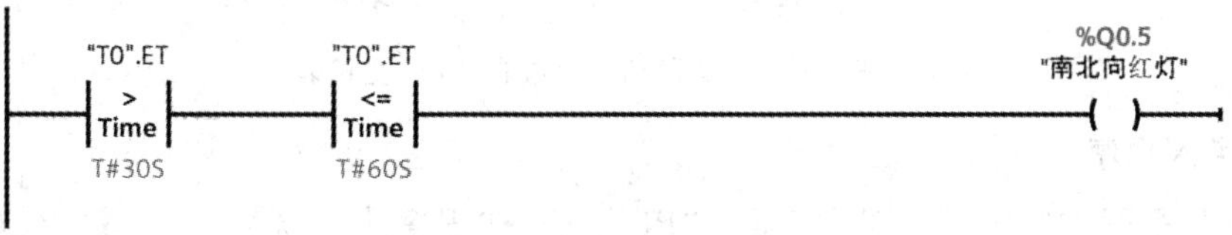

程序段8：系统停止工作

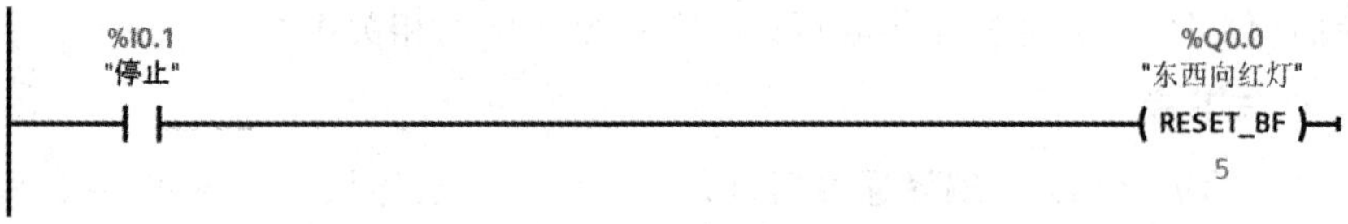

图 9 - 17　比较指令实现交通信号灯控制梯形图

东西方向：将 60 s 分成 0～30 s、30～55 s、55～58 s 和 58～60 s 四个时间段，即 0～30 s 之间红灯亮，如程序段 1 所示；30～55 s 之间绿灯亮；55～58 s 之间绿灯闪；58～60 s 之间黄灯亮。梯形图如程序段 2～4 所示。

南北方向：将 60 s 分成 0～25 s、25～28 s、28～30 s 和 30～60 s 四个时间段，即 0～25 s 之间绿灯亮；25～28 s 之间绿灯闪；28～30 s 之间黄灯亮；30～60 s 之间红灯亮。梯形图如程序段 5～7 所示。

【注意】 程序段 3 和程序段 5 实现的功能是绿灯亮 25 s 然后闪 3 s，为了避免出现双线圈的情况，必须把两条支路进行并联处理。

9.3.3　系统运行与调试

1. PLC 硬件组态

1）创建新项目

打开博途平台，创建新项目，项目命名为“PLC 实现智能交通信号灯系统控制”，并保存项目。

2）添加 CPU 模块

在项目视图中的项目树设备栏中，双击“添加新设备”，添加模块 CPU1214C DC/DC/RLY。

2. 编辑变量表

按图 9－18 所示编辑本项目的变量表。

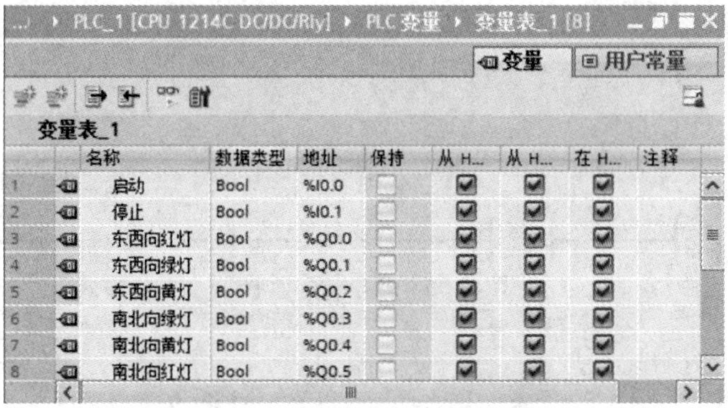

	名称	数据类型	地址	保持	从 H...	从 H...	在 H...	注释
1	启动	Bool	%I0.0	☐	☑	☑	☑	
2	停止	Bool	%I0.1	☐	☑	☑	☑	
3	东西向红灯	Bool	%Q0.0	☐	☑	☑	☑	
4	东西向绿灯	Bool	%Q0.1	☐	☑	☑	☑	
5	东西向黄灯	Bool	%Q0.2	☐	☑	☑	☑	
6	南北向绿灯	Bool	%Q0.3	☐	☑	☑	☑	
7	南北向黄灯	Bool	%Q0.4	☐	☑	☑	☑	
8	南北向红灯	Bool	%Q0.5	☐	☑	☑	☑	

图 9－18　交通信号灯控制 PLC 变量表

3. 录入程序

在项目视图左侧的项目树中，展开“PLC_1”→“程序块”，双击 Main【OB1】，打开主程序块 OB1。在打开的程序编辑器窗口中输入如图 9－17 所示的梯形图(也可以选择顺序功能图转换的梯形图)。具体操作步骤可以参考项目 4 中的相关内容。

4. 编译与下载

程序录入后进行编译，编译通过后进行程序下载，具体操作步骤可以参考项目 4 中的相关内容。

5. 运行监视

单击程序编辑器中工具栏的"启用/禁用监视"图标按钮 ，进入程序运行监视状态。

6. 系统调试

按下启动按钮 SB1，观察各信号灯是否按控制要求依次亮灭，并能不断循环；按下停止按钮 SB1，系统停止工作。如果系统运行正常，则系统调试成功。

9.3.4　考核评价

内容	评分点	配分	评分标准	自评	互评	师评
系统硬件电路设计 10 分	元器件的选型	5	元器件选型合理；能很好地掌握元器件型号的含义；遵循电气设计安全原则			
	电气原理图的绘制	5	电路设计规范，符合实际工程设计要求；电路整体美观，图形符号规范、正确，错 1 处扣 1 分			
硬件电路搭建 25 分	布线工艺	5	能按控制要求合理走线，且能考虑最优的接线方案，节约使用耗材。符合要求得 5 分，否则酌情扣分			
	接线头工艺	10	连接的所有导线，必须压接接线头，不符合要求扣 1 分/处；同一接线端子超过两个线头、露铜超 2 mm，扣 1 分/处；符合要求得 10 分			
	硬件互锁	5	硬件电路接线有正反转互锁连线得 5 分			
	整体美观	5	根据工艺连线的整体美观度酌情给分，所有接线工整美观得 5 分			
系统功能调试 45 分	东西向信号灯亮灭实现	20	按下启动按钮 SB0，东西向红灯亮 30 s，然后依次绿灯亮 25 s，闪 3 s，接着黄灯亮 2 s，得 20 分			
	南北向信号灯亮灭实现	20	按下启动按钮 SB0，南北向绿灯亮 25 s，闪 3 s，然后依次黄灯亮 2 s，红灯亮 30 s，得 20 分			
	系统停止	5	按下停止按钮 SB1，信号灯熄灭。得 5 分			
职业素养与安全意识 20 分	工具摆放	5	保持工位整洁，工具和器件摆放符合规范，工具摆放杂乱，影响操作，酌情扣分			
	团队意识	5	团队分工合理，有分工有合作			
	操作规范	10	操作符合规范，未损坏工具和器件，若因操作不当，造成器件损坏，该项不得分			
	创新加分	5				
得　分						

9.4　知识延伸——交通信号灯系统的仿真调试

1. S7-PLC SIM 仿真软件

我们在开发较为复杂的项目时,在搭建硬件电路之前先对程序进行模拟运行测试及优化是十分必要的。西门子官方提供的 S7-PLC SIM 仿真软件为我们提供了这方面的便利。在硬件没有就绪的情况下,先使用 S7-PLC SIM 仿真软件进行程序仿真及调试,可以及时纠正编程错误和进一步优化程序,从而降低项目调试成本。对于 S7-1200 PLC 来说,必须选择软件版本为 V4.0 或更高版本,才可以使用仿真软件进行用户程序调试。仿真软件不支持 S7-1200 的计数、PID 控制和运动控制工艺模块、PID 和运动控制工艺对象的仿真调试。

2. 仿真调试步骤

先确定计算机已经安装了 S7-PLC SIM 仿真软件。接下来按下面步骤依次操作:

第 1 步:打开 TIA 博途平台、新建项目、添加 CPU 模块以及录入如图 9-17 所示的梯形图程序。

第 2 步:在项目树中选择"PLC_1",工具栏上的快捷键(启动仿真)会由灰色变成亮色,单击该快捷键便启动了 S7-PLC SIM 仿真软件,在弹出的对话框中可以勾选"不再显示此消息",以后再启动仿真软件时就不会再出现该对话框,然后单击"确定"按钮,弹出图 9-19 所示的 S7-PLC SIM 的精简视图,同时还会弹出图 9-20 所示的"扩展下载到设备"对话框,与下载到实际 PLC 设备不同的就是在该界面中"PG/PC 接口的类型"和"PG/PC 接口"均为灰色,无须设置。

图 9-19　S7-PLC SIM 的精简视图

第 3 步:单击如图 9-19 所示界面上的"开始搜索"按钮,搜索到仿真设备显示如图 9-21 所示。

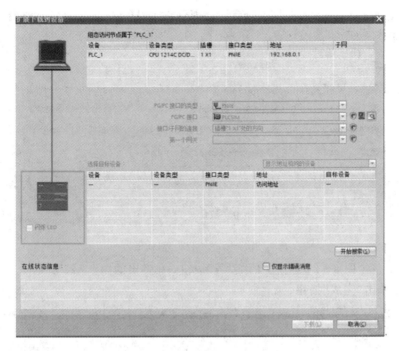

图 9 - 20 "扩展下载到设备"对话框

第 4 步：单击如图 9 - 21 所示界面上的"下载"按钮，弹出如图 9 - 22 所示的"装载"界面。

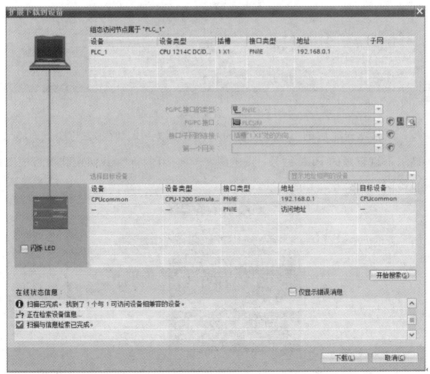

图 9 - 21 "下载"对话框

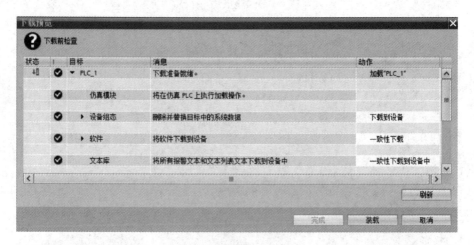

图 9-22　"装载"对话框

第 5 步：单击图 9-22 界面上的"装载"按钮，在弹出的图 9-23 所示的界面选择"启动模块"，然后单击"完成"按钮。

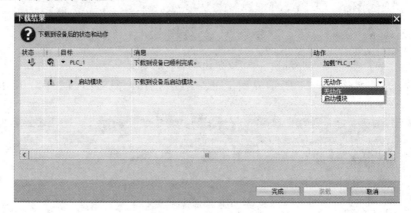

图 9-23　"启动模块"对话框

第 6 步：下载完程序后的 S7-PLC 精简视图如图 9-24 所示。与图 9-19 不同的是，图 9-24 显示了组态好的 PLC 型号。点击图 9-24 中图标 （切换到项目视图），打开仿真器的项目视图，如图 9-25 所示。

图 9-24　下载完程序后的 S7-PLC SI 精简视图

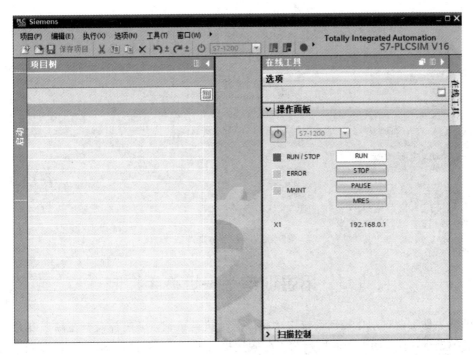

图 9-25　仿真器的项目视图

第 7 步：生成仿真表。在仿真器的项目视图中新建仿真项目"智能交通信号灯控制"，并在 SIM 表格_1 的"地址"栏中依次输入本项目的 I/O 地址 I0.0、I0.1、Q0.0～0.5（或者 QB0，用一行来显示 Q0.0～0.5 的状态）、在"名称"栏中输入"T0.ET"，如图 9-26 所示。

图 9-26　仿真器中的仿真表

第 8 步：用仿真表调试程序。启动梯形图的程序状态监控，单击两次图 9-27 中第一行"位"列中右边小方框，方框中出现"√"后又消失，I0.0 由 TRUE 又变为 FALSE，即模拟启动按钮的按下和松开。此时，可以通过仿真表中各输出信号"位"列右边的小方框中有无"√"，或者通过"监视/修改值"列中"TRUE"和"FALSE"来观察的各输出的状态，同时可以检测到定时器实时计时情况。图 9-27 显示的是系统正处于东西向红灯亮，南北向绿灯亮的运行状态。

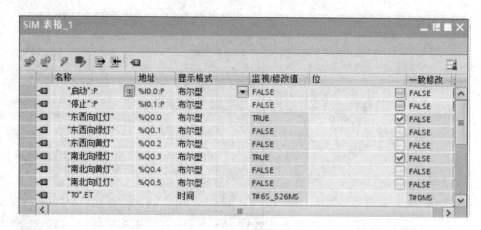

图 9-27　程序仿真调试

9.5　拓展训练——机械手控制

机械手是工业自动化控制系统中常见的一种执行机构,可代替人工在高温和危险的作业环境中进行作业。图 9-28 所示为工件搬运机械手。机械手的全部动作由气缸驱动完成,其中左移/右移、上升/下降分别由双线圈两位电磁阀控制。当电磁阀通电,则机械手执行对应动作;断电,则机械手动作停止。当下降动作的电磁阀通电时,机械手执行下降动作;当下降动作的电磁阀断电时,机械手停止下降。机械手的夹紧/放松动作由一个单线圈控制,该线圈通电,机械手夹紧;断电,则机械手放松。因此机械手通过左移/右移、上升/下降和夹紧/放松等动作,实现将工件从 A 处抓取并放到传送带的 B 处。具体控制要求:

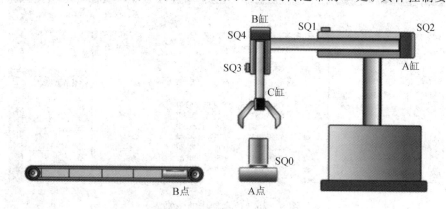

图 9-28　机械手控制示意图

按下系统启动按钮 SB0,系统开始工作。

(1)初始状态。

机械手处于原位,SQ4=SQ2=1,SQ3=SQ1=0,原位指示灯 HL 点亮。

(2)控制过程。

如果检测到 A 点有工件(SQ0=1),则机械手下降(SQ2=0),下降到 A 点处(SQ1=1)开始夹紧工件,将工件夹紧 2 s 后机械手开始上升(SQ1=0),上升到位后(SQ2=1),机械手右移(SQ4＝0)，右移到位后(SQ3＝1)下降；下降到位后(SQ1＝1)机械手放松，停留 2 s，然后按原路返回原点。

(3) 停机控制。

按下停止按钮 SB1，机械手完成当前周期动作回到原点后停止运行。

1. 分配 PLC I/O 点

根据项目控制要求，系统所需的 I/O 点数为 7 个输入和 6 个输出点数，PLC 选取 CPU1214C DC/DC/RLY。系统的 I/O 分配表如表 9-3 所示。

表 9-3　机械手控制 I/O 分配表

输入/输出类别	元件名称/符号	I/O 地址
输入(7 点)	启动按钮 SB0	I0.0
	停止按钮 SB1	I0.1
	A 点工件检测 SQ0	I0.2
	左限位开关 SQ1	I0.3
	右限位开关 SQ2	I0.4
	下限位开关 SQ3	I0.5
	上限位开关 SQ4	I0.6
输出(6 点)	升/降电磁阀上升线圈 YV1	Q0.0
	升/降电磁阀下降线圈 YV2	Q0.1
	左/右电磁阀左移线圈 YV3	Q0.2
	左/右电磁阀右移线圈 YV4	Q0.3
	夹紧电磁阀线圈 YV5	Q0.4
	原位指示灯 L0	Q0.5

2. 绘制电路图

根据系统的 I/O 分配表绘制机械手的 PLC 控制电路图如图 9-29 所示。

3. 设计系统控制程序

机械手的控制系统为典型的顺序控制系统，其中机械手的各动作根据工艺流程有着严格的先后顺序，所以这里采用顺序控制设计法设计系统控制程序。在一个工作周期中，机械手需要完成 8 个动作：下降→夹紧→上升→左移→下降→放松→上升→右移。分别对应顺序功能图中的第 2~9 步(M10.1~11.1)，而顺序功能图中的第 1 步为初始步(M10.0)，实现对 PLC 中的相关步对应的寄存器 M 复位和相关输出寄存器 Q 复位。M20.0 为运行标志位，受启动和停止按钮控制，当按下启动按钮 SB0，则 M20.0 得电；当按下停止按钮 SB1，则 M20.0 失电。按下停止按钮 SB1 后机械手完成当前周期动作后才停止。顺序功能图如图 9-30 所示。请大家自行完成将图 9-30 所示的顺序功能图转换成梯形图。

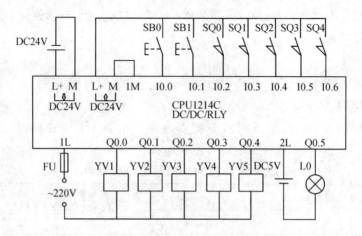

图 9 - 29　机械手的 PLC 控制电路图

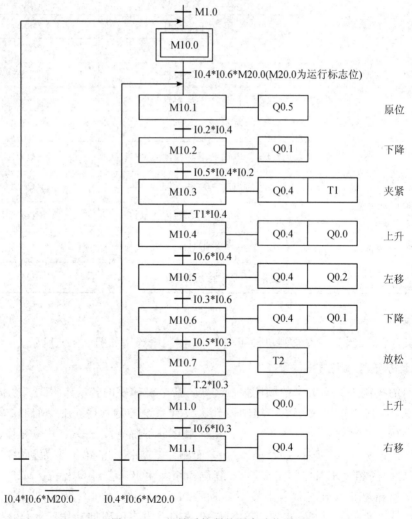

图 9 - 30　机械手控制的顺序功能图

项目 10　多级运输带控制

知识目标

(1) 了解用户程序的基本结构；

(2) 理解 S7-1200 PLC 的组织块(OB)、功能(FC)、功能块(FB)和数据块(DB)的概念；

(3) 掌握由功能(FC)和功能块(FB)构成程序的设计方法；

(4) 掌握全局变量和局部变量的区别。

技能目标

(1) 学会建立数据块(DB)、组织块(OB)、功能(FC)和功能块(FB)；

(2) 学会用启动组织块(Startup)编写初始化程序；

(3) 学会编辑和调用功能(FC)和功能块(FB)；

(4) 能够完成多级运输带控制的硬件接线和进行软硬件调试。

10.1　项目描述

运输带是输送设备中常用的一种传输机构，其形式多，应用范围广，特别适合一些散碎原料与不规则物品的输送。现有一台 3 级皮带运输机分别由三台异步电动机拖动，控制要求为当按下启动按钮 SB0，1 号电动机 M1 先启动，5 s 后 2 号电动机 M2 启动，再过 5 s 后 3 号电动机 M3 启动，同时电磁阀 YV 打开，开始下料。当按下停止按钮后，为了不让各运输带上有物料堆积，要求先关闭电磁阀 YV，5 s 后 M3 停机，5 s 后 M2 停机，再过 5 s 后 M1 停机。该运输系统示意图如图 10 − 1 所示。

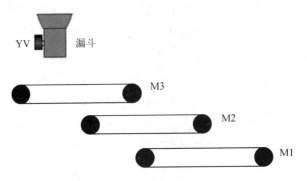

图 10 − 1　多级运输带示意图

该运输系统中的三台电动机均需要按照一定的时间顺序依次实现连续运行控制，这里大家最先想到的可能是本系统采用顺序控制设计法来编程实现。但在本项目中，我们将学习结构化程序设计的编程思路,将电动机的连续运行控制用功能(FC))或功能块(FB)来编程,然后通过在主程序块 OB1 中多次调用功能(FC)或功能块(FB),从而实现 3 级皮带运输机的控制。

10.2　知　识　链　接

10.2.1　TIA 博途平台中的用户程序结构

在 TIA 博途平台中,用户程序按结构可以分为三种:线性化程序结构、模块化程序结构和结构化程序。用户程序结构如图 10-2 所示。

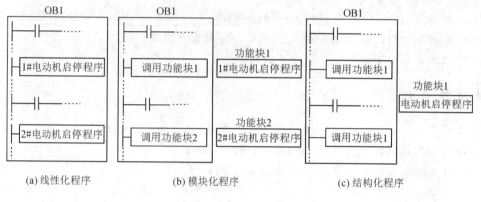

图 10-2　用户程序结构

1. 线性化程序

线性化程序是指将整个系统的控制程序都放在循环控制组织块 OB1 中,CPU 循环扫描执行 OB1 中的全部指令。其特点是结构简单,前面项目中的控制程序都属于线性化程序。但对于某些不需要重复执行的程序,因其在同一个块中而被重复扫描执行,就会造成资源浪费,降低 CPU 的工作效率。因此,对于复杂的控制系统,尽量不要采用线性化程序。

2. 模块化程序

模块化程序是指把整个项目的控制程序根据不同功能划分为多个功能块,在功能(FC)或功能块(FB)中编程(即子程序)。在 OB1 中根据条件调用不同的功能块,其特点是程序易于阅读和调试,又因为只在需要时才调用有关的逻辑块,所以提高了 CPU 的工作效率。

3. 结构化程序

结构化程序是根据项目的控制要求将类似或者相关的任务归类,在功能或者功能块中编程,形成通用的解决方案(即子程序)。在 OB1 中通过不同的参数调用相同的功能或者通过不同的背景数据块调用相同的功能块,其特点是可简化设计过程,缩短程序代码长度,提高编程效率,程序的阅读、调试和查错都比较方便,比较适合编写复杂的控制程序。

10.2.2　用户程序中的块

在博途平台的项目树中,单击"程序块"前的▶图标,然后双击"添加新块"命令,弹出如图 10-3 所示的对话框。在该对话框中可以根据需要添加各种块,其中包括数据块(DB)、组织块（OB）、函数（FC）和函数块（FB）。其中，OB、FB、FC 统称逻辑块，函数（FC）和函数块（FB）又称为功能（FC）和功能块（FB）。在程序运行时所需的数据和变量存储在数据块（DB）中。系统功能块（FB）和系统功能（FC）集成在 S7 CPU 的操作系统中，不占用用户程序空间。用户程序中各种块的说明如表 10 - 1 所示。

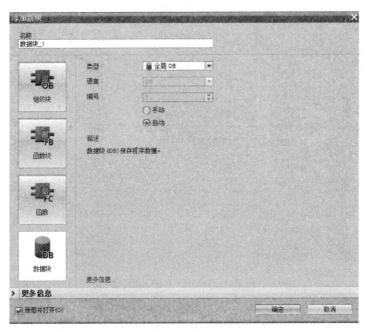

图 10 - 3　添加新块界面

表 10 - 1　用户程序中各种块的说明

块的类型	说　　明
组织块（OB）	操作系统与用户程序的接口，决定用户程序的结构
数据块（DB）	保存用户数据，分背景数据块和全局数据块
功能（FC）	相当于子程序，没有独立的存储区，使用全局数据块或 M 区
功能块（FB）	相当于子程序，可多次调用，参数修改方便，有独立的存储区（即背景数据块）

10.2.3　组织块

组织块（Organization Block，OB）是操作系统和用户程序之间的接口，由操作系统调用。此处主要介绍启动组织块和程序循环组织块。

1. 启动组织块（Startup）

启动组织块在 PLC 的工作模式从 STOP 切换到 RUN 时执行一次，我们通常在启动组织块中编写为循环程序中的某些变量赋初值或对某些变量进行清零工作的程序，也称为初始化程序。启动组织块编号有 100 和大于等于 123，在一个项目程序中通常只需要一个启动组织块（默认为 OB100），或者可以不需要。PLC 在完成启动组织块扫描后将执行主程序循环组织块（如 OB1）。

【例 10 - 1】　在启动组织块 OB100 中编写一段初始化程序，给 S7-1200 PLC 中的

MW100 和 MW102 分别赋初值 50 和 100。

　　分析：首先添加启动组织块 OB100，在 TIA 博途平台项目视图的项目树中，双击"添加新块"，弹出如图 10 - 4 所示的界面，选中"组织块"和" Startup"选项，再单击"确定"按钮，即添加启动组织块，编号默认 OB100。

图 10 - 4　添加启动组织块 OB100

　　在 OB100 中编写初始化程序，分别给字存储单元 MW100 和 MW102 赋初值，可以采用移动指令 MOVE，程序如图 10 - 5 所示。

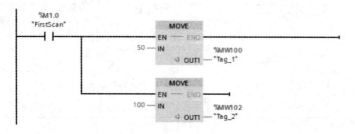

图 10 - 5　OB100 中的程序

　　2. 程序循环组织块

　　程序循环组织块在 CPU 处于 RUN 模式时，周期性地循环执行存放的程序，因此需要循环连续执行的程序均放在程序循环组织块中。在 S7-1200 PLC 中允许使用多个程序循环 OB，按 OB 的编号顺序执行。OB1 是默认设置，其他程序循环 OB 的编号必须大于或等于 123。通常情况下只需要一个程序循环组织块，默认为 OB1，OB1 也称为主程序(Main)，一般用户程序都写在 OB1 中。可以在 OB1 中调用功能 FC 和功能块 FB。

10.2.4　功能(FC)及应用

　　功能(FC)是用户编写的子程序，是一段完成特定任务的程序，可以在程序的其他位置被重复多次调用。功能(FC)是不带"记忆"的逻辑块,所谓不带"记忆"表示没有背景数据块。当完成操作后,数据不能保存。这些数据为临时变量,对于那些需要保存的数据只能通过共享数据块(Share Block)来存储。在调用 FC 时,需用实参来代替形参。下面通过一个例子来详细讲述 FC 的应用。

【例 10 - 2】　使用 FC 来实现两台电机的启停控制:按下启动按钮,电动机启动运行,按下停止按钮,电动机停止。

分析:这里需要对两台电动机实现启/停控制,现将电动机 1 的启动按钮 SB0 和停止按钮 SB1 分别接在 PLC 的输入端子 I0.0 和 I0.1 上,电动机 2 的启动按钮 SB2 和停止按钮 SB3 分别接在 PLC 的输入端子 I0.2 和 I0.3 上;控制电动机 1 运行的交流接触器 KM1 线圈接在 PLC 的输出端子 Q0.0 上,控制电动机 2 运行的交流接触器 KM2 线圈接在 PLC 的输出端子 Q0.1 上。本系统的 PLC 控制 I/O 分配表如表 10 - 2 所示。使用 FC 编程的实现步骤如下:

表 10 - 2　PLC 的 I/O 分配表

输入/输出类别	元件名称/符号	I/O 地址
输入(4 点)	电动机 1 启动按钮 SB0	I0.0
	电动机 1 停止按钮 SB1	I0.1
	电动机 2 启动按钮 SB2	I0.2
	电动机 2 停止按钮 SB3	I0.3
输出(2 点)	交流接触器 KM1	Q0.0
	交流接触器 KM2	Q0.1

第 1 步:新建 FC1。

按图 10 - 6 所示的步骤新建 FC1,并命名为"Motor Control"。

图 10 - 6　新建 FC1

第 2 步：建立变量。

将鼠标的光标放在 FC1 程序区最上面的分隔条上，按住鼠标左键，往下拉动分隔条，显示 FC1 的接口区，如图 10-7 所示。或者单击块接口区与程序编辑区之间的▆▆▲▆▆▆▼，可以隐藏或显示块接口区。在接口区建立局部变量：在 Input(输入参数)下建立变量"Start"和"Stop"，选择默认的 Bool 数据类型；在 InOut(输入/输出参数)下建立变量"Motor"，选择默认的 Bool 数据类型；在 FC1 的梯形图程序中需要用到变量"Motor"的常开触点实现自锁功能，所以它既是输入参数，又是输出参数，该变量属于 InOut 参数(输入/输出参数)。另外还有 Output(输出参数)和 Temp(临时数据)，对于临时变量在使用时一定要遵循"先赋值后使用"的原则，否则可能会出错。

图 10-7　为 FC1 建立变量

【注意】　区别全局变量和局部变量。

全局变量："变量表"中定义的变量为全局变量，可以被所有程序块访问，且地址唯一，不能重复。全局变量一般是指输入寄存器 I、输出寄存器 Q、中间存储器 M 和全局数据块 DB 等。在编程时程序编辑器会自动地给全局变量或符号使用双引号，绝对地址使用％。

局部变量：在 FC 和 FB 中接口区定义的变量为局部变量，局部变量的名称由字符(包括汉字)、下画线和数字组成，在编程时程序编辑器自动地在局部变量名前加＃号来标识，如"＃启动"。

第 3 步：在 FC1 中编写程序。

在 FC1 中编写实现电动机连续运行的控制程序，如图 10-8 所示。指令上方的操作数就是在 FC1 的接口区建立的局部变量。

图 10-8　FC1 中电动机连续运行控制程序

第 4 步：在主程序 OB1 中调用 FC1。

在 PLC 变量表中生成两台电动机控制所需的启动、停止信号与电动机输出信号，如图 10-9 所示。

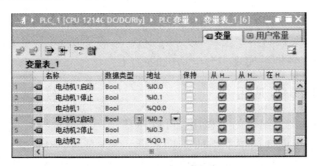

图 10 - 9　PLC 变量表

在主程序 OB1 的程序编辑视窗中，直接将项目树中的 FC1 拖到右边程序区的水平"导线"上，如图 10 - 10 所示。

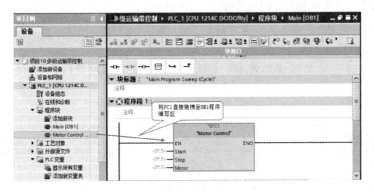

图 10 - 10　OB1 中调用 FC1

FC1 方框中左边的"Start""Stop"和"Motor"称为 FC 的形式参数，简称为形参，形参只会在 FC 内的程序里使用。当在其他逻辑块中调用 FC 时，需要给每个形参指定实际的参数，称为实参，如图 10 - 11 所示中与形参"Start""Stop"和"Motor"对应的 I0.0、I0.1 和

程序段1：电动机1启动控制

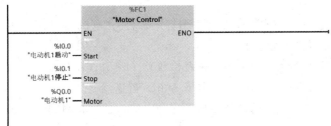

程序段2：电动机2启动控制

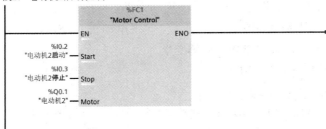

图 10 - 11　给 OB1 中调用 FC1 赋予实参

Q0.0 就是实参。

　　【注意】　如果需要控制多台电动机连续运行,只需要在 OB1 中多次调用 FC1 并给每个调用的 FC1 赋予实参即可实现多台电动机的控制。

10.2.5　功能块(FB)及应用

　　功能块(FB)也是用户编写的子程序,可以在程序的其他位置被重复多次调用。FB 是一种"带内存"的块。每次调用 FB 时都需要指定一个背景数据块,其随着 FB 的调用而打开,在调用结束后自动关闭。FB 的所有形参和静态变量都存储在该背景数据块 DB 中。当执行完 FB 时,背景数据块中的数据不会丢失,但临时局部变量(Temp)中的数据会丢失。下面通过一个例子来详细讲述 FB 的应用。

　　【例 10-3】　使用功能块(FB)来实现一台电机的 Y/△降压启动控制:按下启动按钮 SB0,电动机以 Y 接法启动运行延时一段时间后自动切换到△接法,并全压运行;按下停止按钮 SB1,电动机停止运行。

　　分析:PLC 的 I/O 分配表如表 10-3 所示(这里没考虑过载保护)。使用 FB 编程实现步骤如下:

表 10-3　PLC 的 I/O 分配表

输入/输出类别	元件名称/符号	I/O 地址
输入	启动按钮 SB0	I0.0
	停止按钮 SB1	I0.1
输出	电源接触器 KM1 线圈	Q0.0
	KM2 线圈(△接法)	Q0.1
	KM3 线圈(Y 接法)	Q0.2

　　第 1 步:新建 FB1。

　　按图 10-12 所示的步骤⑥,新建 FB1,并命名为"电机 Y/△启动控制"。

　　第 2 步:建立局部变量。

　　在 FB 的局部变量中,有 Input(输入参数)、Output(输出参数)、InOut(输入/输出参数)和 Temp(临时数据),与 FC 相比多了 Static(静态参数)。在 FB1 的接口区中建立变量。图 10-13 中有一个输入/输出参数 T1,数据类型为 IEC_TIMER,可作为定时器的背景数据块。

　　第 3 步:编写 FB1 的梯形图程序。

　　在 FB1 中编写的程序如图 10-14 所示,实现电动机 Y/△启动控制。在指令上方的操作数就是在 FB1 的接口区中建立的局部变量。

　　第 4 步:在 OB1 中调用 FB1。

　　(1)定义数据块。

　　添加一个数据块,名称可以选择默认的"数据块_2",数据类型为 IEC_TIMER,如图 10-15 所示。

　　(2)调用 FB1。

图 10-12　新建 FB1

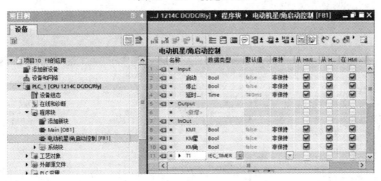

图 10-13　接口参数的定义

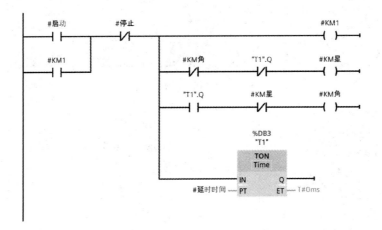

图 10-14　FB1 中电机 Y/△ 启动控制程序

在主程序 OB1 程序编辑视窗中，直接将项目树中的 FB1 拖曳到右边程序区的水平"导线"上，此时会自动弹出生成背景数据块的对话框，如图 10-16 所示。单击"确定"按钮，调用的功能块 FB1 出现在程序编辑区，给接口参数(形参)赋数据类型一致的实际值(实参)，完成参数的传递，如图 10-17 所示。

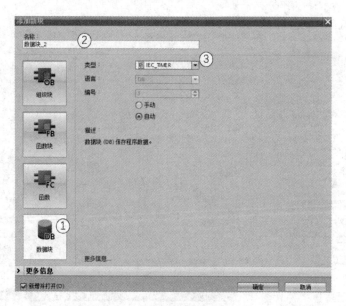

图 10 - 15　添加数据块

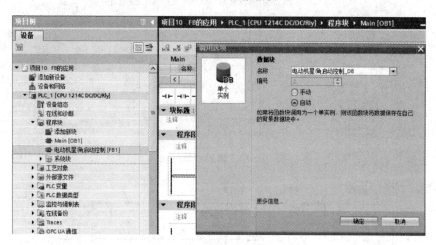

图 10 - 16　OB1 中调用 FB1

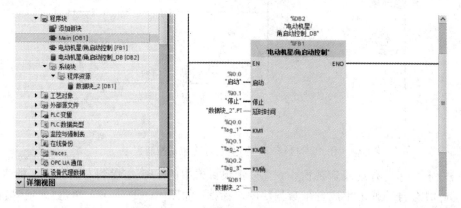

图 10 - 17　给 OB1 中调用 FB1 赋予实参

【注意】

① 除了纯粹的子程序用到 FC，大部分功能编程常用 FB。

② 在 FB 编程中尽量使用静态变量 Static 作为中间变量，少用 Temp 临时变量。

③ 在做常用的一些功能块库时，尽量选用 FB。

（3）在调用 FB 较多的场合，尽量采用多重背景数据块形式，可以节约空间。

10.3　项目实施

10.3.1　硬件电路设计与搭建

1. 分配 PLC I/O 点

本项目要求实现 1 台三级运输机系统控制，系统需要 2 个按钮：启动按钮和停止按钮；被控对象有 4 个：控制下料的电磁阀、1 号电机、2 号电机和 3 号电机。PLC 选取 CPU1214C DC/DC/RLY 为继电器型输出。为了简化 PLC 控制电路图，这里未考虑系统的过载保护功能，即省去了热继电器。本系统 PLC 的 I/O 配置如表 10-4 所示。

2. 绘制硬件电路图

三级输送机系统的 PLC 控制电路图如图 10-18 所示。

表 10-4　PLC 的 I/O 分配表

输入/输出类别	元件名称/符号	I/O 地址
输入	启动按钮 SB0	I0.0
	停止按钮 SB1	I0.1
输出	下料电磁阀 YV1	Q0.0
	1 号电机（KM1）	Q0.1
	2 号电机（KM2）	Q0.2
	3 号电机（KM3）	Q0.3

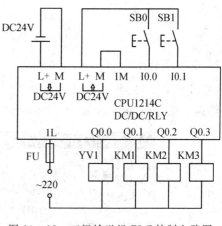

图 10-18　三级输送机 PLC 控制电路图

3. 搭建硬件电路

根据图 10-18 搭建三级输送机系统的 PLC 控制硬件电路。

10.3.2　控制程序设计

本项目的控制程序编写可以使用 FC 来实现，也可使用 FB 来实现，这里我们使用 FB 来编写程序。程序设计包括两部分：功能块 FB 中的梯形图程序和主程序块 OB1 中的梯形图程序。

1. FB1 设计

添加一个功能块 FB1，命名为"3 级皮带运输机控制"，在接口区中设置变量如图 10-19

所示。功能块 FB1 中的梯形图程序如图 10 - 20 所示。

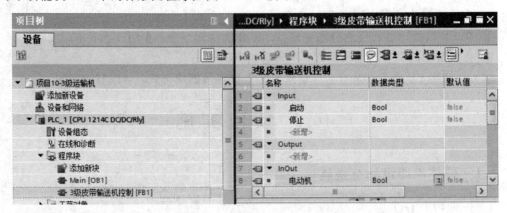

图 10 - 19　FB1 接口区建立的变量

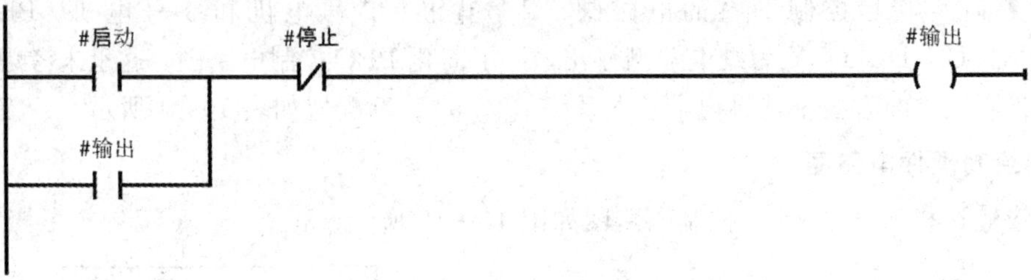

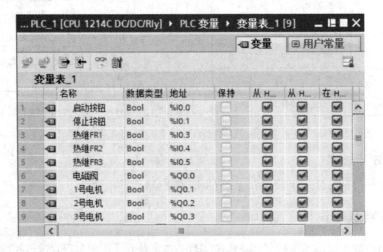

图 10 - 20　功能块 FB1 中的梯形图程序

2. 主程序设计

1) PLC 变量定义

根据系统输入/输出地址的分配,PLC 变量的定义如图 10 - 21 所示。

图 10 - 21　PLC 变量表

2) 主程序

根据项目控制要求,本系统定义 M10.0 为运行标志位,也是 1 号电动机 M1 的启动信号，经过 5 s 和 10 s 延时后依次得到 2 号电动机 M2 的启动信号 M20.0 和 3 号电动机 M3、电磁阀的启动信号 M20.1，M10.1 为停止标志位，也是电磁阀的停止信号，经过 5 s、10 s 和 15 s 延时后依次得到 3 号电动机 M3 的停止信号 M30.0、2 号电动机 M2 的停止信号 M30.1 和 3 号电动机 M3 的停止信号 M30.2。梯形图如图 10-22 所示。

程序段1：置位运行标志位M10.0，复位停止标志位M10.1

```
        %I0.0                                           %M10.0
       "启动按钮"                                         "Tag_1"
  ───────┤├───────┬──────────────────────────────────────( S )──────

                                                          %M10.1
                                                          "Tag_2"
                  └──────────────────────────────────────( R )──────
```

程序段2：置位停止标志位M10.1，复位运行标志位M10.0

```
        %I0.1                                           %M10.1
       "停止按钮"                                         "Tag_2"
  ───────┤├───────┬──────────────────────────────────────( S )──────

        %I0.2                                           %M10.0
       "热继FR1"                                          "Tag_1"
  ───────┤├───────┤──────────────────────────────────────( R )──────

        %I0.3
       "热继FR2"
  ───────┤├───────┤

        %I0.4
       "热继FR3"
  ───────┤├───────┘
```

程序段3：启动信号定时

```
                         %DB1
                   "IEC_Timer_0_DB"
        %M10.0       ┌───────────┐
        "Tag_1"      │    TON     │
  ───────┤├──────────┤   Time     ├──────────────────────────────────
                     │ IN       Q │
            T#10S ───┤ PT      ET ├─── T#0ms
                     └───────────┘
```

程序段4：产生时差分别为5 s、10 s的启动信号

```
     "IEC_Timer_0_                                      %M20.0
        DB".ET                                          "Tag_3"
      ┌────────┐
  ────┤  >=    ├──────────────────────────────────────( )──────
      │  Time  │
      └────────┘
        T#5S

     "IEC_Timer_0_                                      %M20.1
        DB".ET                                          "Tag_4"
      ┌────────┐
  ────┤  >=    ├──────────────────────────────────────( )──────
      │  Time  │
      └────────┘
        T#10S
```

程序段5：停止停号定时

```
                          %DB6
                      "IEC_Timer_0_
                          DB_1"
                      ┌─────────────┐
       %M10.1         │    TON      │
       "Tag_2"        │    Time     │
──────┤ ├────────────┤IN         Q ├────────────────────
                T#15S─┤PT        ET ├─ T#0ms
                      └─────────────┘
```

程序段6：产生时差分别为5 s、10 s、15 s的停止信号

```
   "IEC_Timer_0_                                          %M30.0
      DB_1".ET                                            "Tag_5"
     ┌────┐
─────┤ >= ├──────────────────────────────────────────────( )──────
     │Time│
     └────┘
      T#5S


   "IEC_Timer_0_                                          %M30.1
      DB_1".ET                                            "Tag_6"
     ┌────┐
─────┤ >= ├──────────────────────────────────────────────( )──────
     │Time│
     └────┘
      T#10S


   "IEC_Timer_0_                                          %M30.2
      DB_1".ET                                            "Tag_7"
     ┌────┐
─────┤ >= ├──────────────────────────────────────────────( )──────
     │Time│
     └────┘
      T#15S
```

程序段7：调用FB1，控制1号电机启停

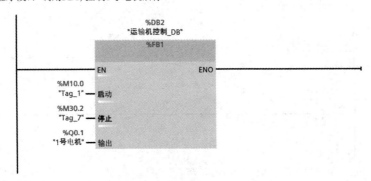

程序段8：调用FB1，控制2号电机启停

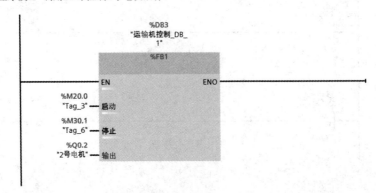

程序段9：调用FB1，控制3号电机启停

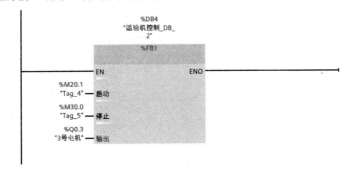

程序段10：调用FB1，控制电磁阀

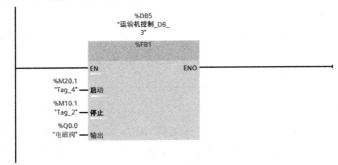

图 10 - 22　3级运输机控制梯形图

10.3.3　系统运行与调试

1. PLC 硬件组态

1）创建新项目

打开博途平台，创建新项目，项目命名为"3级皮带输送机控制"，并保存项目。

2）添加 CPU 模块

在项目视图的项目树设备栏中，双击"添加新设备"，添加模块 CPU1214C DC/DC/RLY。

3）下载硬件配置

在项目树中，单击"PLC_1"，然后单击鼠标右键，鼠标移至"下载到设备"命令处，选择"硬件配置"。根据提示按步骤完成系统的硬件配置下载。

2. 录入程序

按照 10.3.2 节的内容依次完成 FB1 中程序的录入和主程序的录入。

3. 编译与下载

程序录入完毕后进行编译，这里需要对功能块 FB1 和主程序 OB1 块中的程序分别进行编译，编译通过后方可下载程序。

4. 运行监视

单击程序编辑器中工具栏的"启用/禁用监视"图标按钮 ，进入程序运行监视状态。

5. 系统调试及结果记录

按下面步骤依次完成系统调试,并将调试过程记录在表 10 - 5 中。

表 10 - 5　调试结果记录表

步骤	操　作	下料电磁阀 (得电/失电)	1 号电动机 (得电/失电)	2 号电动机 (得电/失电)	3 号电动机 (得电/失电)
1	按下启动按钮 SB0				
2	定时器计时 5 s 到				
3	定时器计时 10 s 到				
4	按下停止按钮 SB1				
5	定时器 5 s 到				
6	定时器 10 s 到				
7	定时器 15 s 到				

1) 顺序启动调试

按下启动按钮 SB0,3 号电动机 M3 得电启动运行,5 s 后 2 号电动机 M2 得电启动运行,再过 5 s 后 1 号电动机 M1 得电启动运行,同时电磁阀 YV 打开,系统开始下料。

2) 逆序停车调试

按下停止按钮 SB1,系统先关闭电磁阀 YV,停止下料,5 s 后 M1 停机,再过 5 s 后 M2 停机,再过 5 s 后 M3 停机。

10.3.4　考核评价

内容	评分点	配分	评分标准	自评	互评	师评
系统硬件 电路设计 15 分	元器件的 选型	5	元器件选型合理;能很好地掌握元器件型号的含义;遵循电气设计安全原则			
	电气原理 图的绘制	10	电路设计规范,符合实际工程设计要求;电路整体美观,图形符号规范、正确,错 1 处扣 1 分			
硬件电路 搭建 25 分	布线工艺	5	能按控制要求合理走线,且能考虑最优的接线方案,节约使用耗材。符合要求得 5 分。否则酌情扣分			
	接线头 工艺	15	连接的所有导线,必须压接接线头,不符合要求扣 1 分/处;同一接线端子超过两个线头、露铜超 2 mm,扣 1 分/处;符合要求得 10 分			
	整体美观	5	根据工艺连线的整体美观度酌情给分,所有接线工整美观得 5 分			

内容	评分点	配分	评分标准	自评	互评	师评
系统功能调试 40 分	电动机顺序启动功能调试	20	按下启动按钮 SB0，电动机应该按 M1→M2→M3 顺序依次得电运行，M3 启动的同时电磁阀 YV 打开，开始下料			
	电动机逆序停车功能调试	20	按下停止按钮 SB1，电动机应该按电磁阀 YV→M3 → M2→ M1 顺序依次失电停机			
职业素养与安全意识 20 分	工具摆放	5	保持工位整洁，工具和器件摆放符合规范，工具摆放杂乱，影响操作，酌情扣分			
	团队意识	5	团队分工合理，有分工有合作			
	操作规范	10	操作符合规范，未损坏工具和器件，若因操作不当，造成器件损坏，该项不得分			
	创新加分	5				
得　分						

10.4　知识延伸——循环中断组织块

中断就是使系统暂时中断正在执行的用户程序，当保护好有关数据之后，转到中断服务程序去处理相关事件，待处理完毕后再返回到原来的程序继续执行用户程序。中断在计算机技术中应用较为广泛。其中，循环中断就是经过一段固定的时间间隔中断用户程序。

博途平台中有 9 个固定循环中断组织块（OB30～38），"SET_CINT"为设置循环中断参数指令，利用该指令可置位循环中断 OB 的参数。根据 OB 的具体时间间隔和相位偏移，生成循环中断 OB 的开始时间。表 10 - 6 列出了"SET_CINT"指令的参数。下面通过一个案例来学习循环中断组织块的应用。

表 10 - 6　"SET_CINT"指令的参数

梯形图符号		端子	作用	数据类型
SET_CINT EN　　　　ENO <???>— OB_NR　RET_VAL —<???> <???>— CYCLE <???>— PHASE		EN	使能输入	BOOL
		OB_NR	OB 编号	OB_CYCLIC
		CYCLE	时间间隔/μs	UDInt
		PHASE	相移/μs	UDInt
		RET_VAL	指令状态	Int

【注意】　当 CYCLE 不等于 0 时，按照 CYCLE 值循环；当 CYCLE 等于 0 时，停止循环。由此可以控制循环组织块的启动和停止。

【例 10 - 4】　每隔 100 ms 时间，要求 CPU1214C 采集一次模拟量输入通道 0 的数据，并保存在 MW100 中。

分析：这里需要用到循环组织块，实现步骤如下：

1. 添加 OB30

在项目树的程序块中，单击"添加新块"，弹出如图 10-23 所示的界面，根据图中①②③序号依次操作，然后单击"确定"按钮。

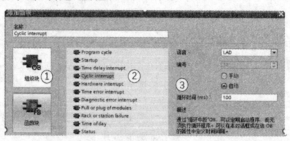

图 10-23　添加循环中断组织块 OB30

2. 编写程序

打开 OB30，在程序编辑器中录入如图 10-24 所示的程序；然后打开 OB1，在程序编辑器中录入如图 10-25 所示的程序。

程序段1：采集模拟量输入通道0的数值

```
          MOVE
          EN — ENO
%IW64              %MW100
"Tag_1" — IN  ⁂ OUT1 — "Tag_2"
```

图 10-24　OB30 中的程序

程序段1：设置循环中断的周期

```
%I0.0
"Tag_3"                    SET_CINT
 ─┤ ├─┬──────────────EN            ENO
%I0.1 │              30 — OB_NR            %MW24
"Tag_7"│          %MD20          RET_VAL — "Tag_5"
 ─┤ ├─┘          "Tag_4" — CYCLE
                       0 — PHASE
```

程序段2：启动循环

```
%I0.0
"Tag_3"        MOVE
 ─┤ ├──────────EN — ENO
          50000 — IN
                    ⁂ OUT1 — %MD20
                              "Tag_4"
```

程序段3：停止循环

```
%I0.1
"Tag_7"        MOVE
 ─┤ ├──────────EN — ENO
              0 — IN
                    ⁂ OUT1 — %MD20
                              "Tag_4"
```

图 10-25　OB1 中的程序

10.5　拓展训练——多重背景数据块的应用

运输机控制项目中，在 OB1 中进行了四次调用 FB1 来控制电动机和电磁阀。每调用一次 FB1 便指定一个背景数据块，因此在项目树的程序块中可以看到 4 个“3 级皮带运输机控制”背景数据块，如图 10－26 所示。如果调用次数较多，则会产生大量的背景数据块“碎片”。而在程序中使用多重背景数据块可以减少背景数据块的数量，从而可以更合理地利用存储空间。

图 10－26　调用 FB1 生成的背景数据块

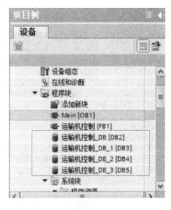

下面以多级运输机控制项目为例，在已经建好的 FB1（运输机控制）基础上，梯形图如图 10－20 所示，再新建一个电动机和电磁阀控制功能块 FB2，FB2 四次调用 FB1，在调用 FB1 时，其对应数据块使用多重背景数据块。具体操作如下：

1. 新建 FB2

添加一个功能块 FB2，命名为“电机和电磁阀控制”，在接口参数中，除了需要定义 Input（输入参数）、Output（输出参数）和 InOut（输入/输出参数）以外，还需要定义 4 个 Static（静态参数）：“1 号电机”“2 号电机”“3 号电机”和“电磁阀”，数据类型为“运输机控制”，如图 10－27 所示。

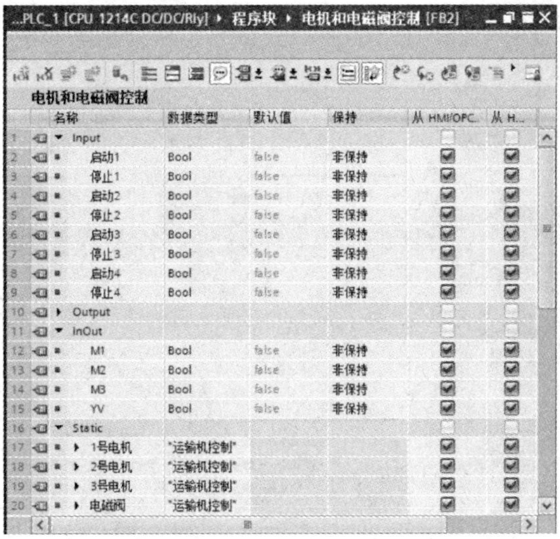

...PLC_1 [CPU 1214C DC/DC/Rly] ▸ 程序块 ▸ 电机和电磁阀控制 [FB2]

电机和电磁阀控制

	名称	数据类型	默认值	保持	从 HMI/OPC...	从 H...
1	▼ Input					
2	启动1	Bool	false	非保持	☑	☑
3	停止1	Bool	false	非保持	☑	☑
4	启动2	Bool	false	非保持	☑	☑
5	停止2	Bool	false	非保持	☑	☑
6	启动3	Bool	false	非保持	☑	☑
7	停止3	Bool	false	非保持	☑	☑
8	启动4	Bool	false	非保持	☑	☑
9	停止4	Bool	false	非保持	☑	☑
10	▸ Output					
11	▼ InOut					
12	M1	Bool	false	非保持	☑	☑
13	M2	Bool	false	非保持	☑	☑
14	M3	Bool	false	非保持	☑	☑
15	YV	Bool	false	非保持	☑	☑
16	▼ Static					
17	▸ 1号电机	"运输机控制"			☑	☑
18	▸ 2号电机	"运输机控制"			☑	☑
19	▸ 3号电机	"运输机控制"			☑	☑
20	▸ 电磁阀	"运输机控制"			☑	☑

图 10－27　FB2 接口区参数定义

2. FB2 中的程序

在 FB2 中四次调用 FB1，调用时生成背景数据块，在“调用选项”页面中选择“多重实例”，接口参数中的名称依次选择 #“1 号电机”#“2 号电机”#“3 号电机”和 # 电磁阀，如图 10－28 所示。生成的背景数据块显示在项目树的程序块中，名称为“电机和电磁阀控制_DB”，如图 10－29 所示。FB2 中的梯形图程序如图 10－30 所示。

图 10-28　调用 FB1 时接口参数选择

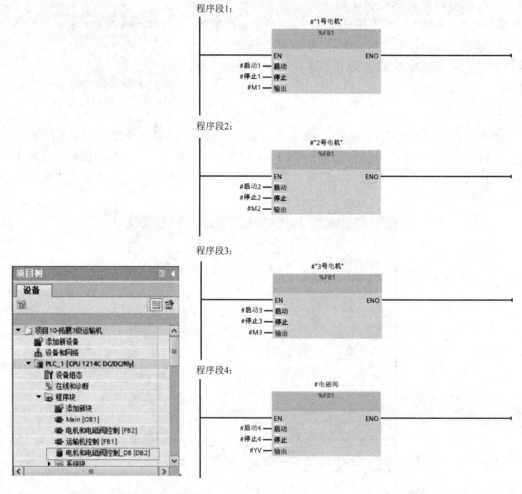

图 10-29　调用 FB1 生成的背景数据块　　　　　图 10-30　FB2 中的程序

3. OB1 中的程序

主程序块 OB1 中的程序如图 10-31 所示。程序段 1 到程序段 4 与图 10-22 中的程序段 1 到程序段 6 实现的功能是一样的，但编程的方法稍有不同，这里采用了多个线圈型定时器来实现定时功能。程序段 5 为调用 FB2，采用了多重背景数据块的方法设计程序，使程序结构更加清晰，也使 PLC 的存储空间避免了"碎片化"，得到了最大化的使用。

程序段1：置位运行标志位M10.0，复位停止标志位M10.1

程序段2：置位停止标志位M10.1，复位停止标志位M10.0

程序段3：产生时差分别为5 s、10 s的启动信号

程序段4：产生时差分别为5 s、10 s、15 s的停止信号

程序段5：调用FB2

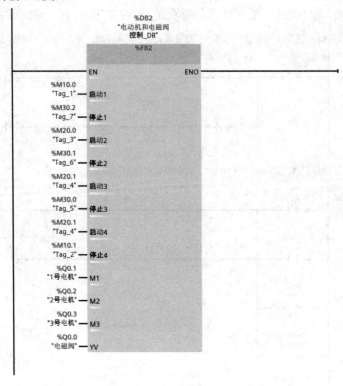

图 10 - 31　OB1 中的程序

项目 11　液体混合搅拌系统控制

知识目标

(1) 掌握模拟量输入模块和模拟量输出模块的作用；

(2) 掌握模拟量信号的采集和处理；

(3) 掌握 NORM_X 指令和 SCALE_X 指令及应用。

技能目标

(1) 学会传感器与模拟量输入模块的接线；

(2) 学会使用 NORM_X 指令和 SCALE_X 指令编写信号处理程序；

(3) 能完成液体混合搅拌控制系统的硬件接线和软硬件调试。

11.1　项目描述

液体混合搅拌系统如图 11-1 所示，该系统中包含了 4 台电动机：原料 1 的进料泵由电动机 M1 驱动；原料 2 的进料泵由电动机 M2 驱动；出料泵由电动机 M3 驱动；混料泵由电动机 M4 驱动。这 4 台电动机均为三相异步电动机，工作时只需进行单向正转运行。

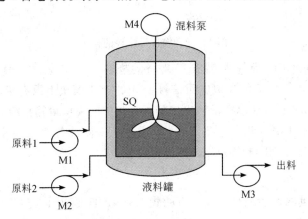

图 11-1　混料系统示意图

本系统控制要求：按下启动按钮 SB0，进料泵 M1 运行，将原料 1 送入混料罐中，混料罐中液位逐渐上升；当液位传感器检测液位达到容积的 30% 时，进料泵 M1 停止，原料 2 的进料泵 M2 运行，液位继续上升，当液位达到容积的 75% 时，进料泵 M2 停止，同时混料泵 M4 开始运行，持续 20 s 后，出料泵 M3 开始运行，液位开始下降；当液体放空后，M3

停止。至此，系统完成一个周期的运行。按下停止按钮 SB1，当前周期结束后系统停止工作。

11.2　知 识 链 接

11.2.1　PLC 模拟量的处理

在实际工程应用中，许多时候需要表示或控制在时间上或数值上连续变化的物理量，如温度、压力、流量和位移等。这些连续变化的物理量是无法直接采集给 PLC 处理的，需要通过专用的传感器进行采集并转换为标准的信号后，传送给 PLC。这些标准信号是由国际电工委员会确定的，方便各制造厂商统一标准。标准的模拟量信号主要有 0～10 V DC、0～5V DC、0～20 mA、4～20 mA、±10 V。虽然通过传感器将需要采集的物理量转换为标准的模拟量信号(电压或电流信号)，但 PLC 的 CPU 只能处理数字量信号，所以我们需要先将标准的模拟量信号输送到 PLC 的模拟量输入模块(AI 模块)，进行 A/D 转换，转换成数字量信号后传送给 PLC 的 CPU 处理。而在有些情况下，又需要 PLC 将数字量转换为标准的模拟电压或电流信号输出，去控制一些被控对象，如变频器或比例阀等，这时需要用到 PLC 的模拟量输出模块(AO 模块)，进行 D/A 转换，将 CPU 处理后的数字量转换成标准的模拟量后去驱动相应的执行机构。模拟量模块的作用如图 11-2 所示。

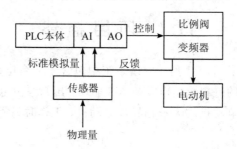

图 11-2　模拟量模块的作用

S7-1200 PLC 的 CPU 模块上集成了 2 路的模拟量输入模块，默认地址为 IW64 和 IW66，但只能接受 0～10 V 的模拟电压信号。CPU1214 模块上没有集成模拟量输出模块，但可以在其 CPU 模块上添加模拟量输出信号板，或扩展模拟量输出模块。

在模拟量输入模块中有几个主要参数：积分时间、滤波等级和溢出诊断功能，这些参数均可以在博途平台(如图 11-3 所示)中进行设置。

1. 积分时间

博途平台中可供选择的积分时间对应的频率有 10 Hz、50 Hz、60 Hz 和 400 Hz。如果积分时间为 20 ms，则对 50 Hz 的干扰噪声有很强的抑制作用。因此，为了抑制工频信号对模拟信号的干扰，一般选择积分时间为 20 ms。

2. 滤波等级

博途平台中可供选择的滤波等级有无、弱、中、强 4 个等级，所选的滤波等级越高，滤波后的模拟量越稳定，但测量的快速性就会越差。

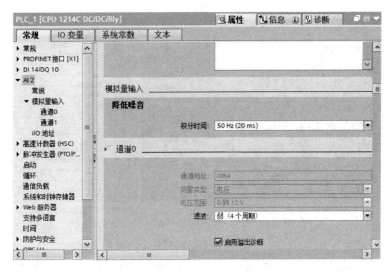

图 11 - 3　模拟量输入参数设置

3. 溢出诊断功能

用户可以选择是否启用超出上限或低于下限的溢出诊断功能。

11.2.2　PLC 模拟量扩展模块

在实际应用中，我们可以根据项目需求选择 S7-1200 PLC 的扩展模拟量模块来实现 A/D 转换和 D/A 转换。S7-1200 PLC 模拟量扩展模块如表 11 - 1 所示，型号有 SM1231、SM1232 和 SM1234。图 11 - 4 给出了 S7-1200 PLC 模拟量扩展模块（AI 模块）的组态。

表 11 - 1　模拟量扩展模块

模拟量扩展模块型号	通道数和分辨率	订 货 号
SM1231	4×13 位模拟量输入	6ES7 231-4HD32-0XB0
	8×13 位模拟量输入	6ES7 231-4HF32-0XB0
	4×16 位模拟量输入	6ES7 231-5ND32-0XB0
	4×16 位热电阻模拟量输入	6ES7 231-5PD32-0XB0
	8×16 位热电阻模拟量输入	6ES7 231-5PF32-0XB0
	4×16 位热电偶模拟量输入	6ES7 231-5QD32-0XB0
	8×16 位热电偶模拟量输入	6ES7 231-5QF32-0XB0
SM1232	2×14 位模拟量输出	6ES7 232-4HB32-0XB0
	4×14 位模拟量输出	6ES7 232-4HD32-0XB0
SM1234	4×13 位模拟量输入/2×14 位模拟量输出	6ES7 234-4HE32-0XB0

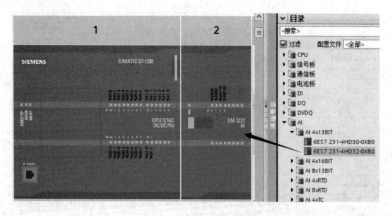

图 11 - 4　模拟量扩展模块(AI 模块)的组态

图 11-5 所示为 SM1231 AI4×13 位的模拟量输入扩展模块属性,其通道数为 4 个:通道 0~3,通道地址的首地址可以自行设定。其中,测量类型和范围可以根据实际的模拟量模块来进行选择。

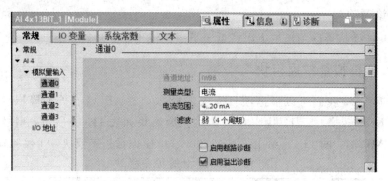

图 11 - 5　模拟量输入扩展模块属性

11. 2. 3　NORM_X 指令和 SCALE_X 指令

NORM_X 指令(标准化指令)和 SCALE_X 指令(缩放指令)在基本指令类的转换操作类指令中,可以从指令框 ??? 处的下拉列表中选择指令的数据类型,如图 11 - 6 所示。其梯形图符号如图 11 - 7 所示。表 11 - 2 和表 11 - 3 分别列出了 NORM_X 指令和 SCALE_X 指令的参数。

图 11 - 6　NORM_X 和 SCALE_X 指令位置

图 11-7 NORM_X 指令和 SCALE_X 指令

表 11-2 NORM_X 指令的参数

参　数	数 据 类 型	说　明
EN	BOOL	使能输入
MIN	整数、实数	取值范围的下限
VALUE	整数、实数	要缩放的值
MAX	整数、实数	取值范围的上限
ENO	BOOL	使能输出
OUT	整数、实数	缩放的结果

表 11-3 SCALE_X 指令的参数

参　数	数 据 类 型	说　明
EN	BOOL	使能输入
MIN	整数、实数	取值范围的下限
VALUE	实数	要缩放的值
MAX	整数、实数	取值范围的上限
ENO	BOOL	使能输出
OUT	整数、实数	缩放的结果

NORM_X 指令的作用是将输入 VALUE 中变量的值进行线性转换(标准化,或称归一化)为 0.0～1.0 之间的浮点数,可以使用参数 MIN 和 MAX 定义值范围的限值,转换的结果用输出 OUT 端指定的地址存储。如果要标准化的值等于输入 MIN 中的值,则输出 OUT 将返回值"0.0"。如果要标准化的值等于输入 MAX 的值,则输出 OUT 需返回值"1.0"。输入/输出之间的线性关系式为 $OUT = (VALUE - MIN)/(MAX - MIN)$,其中 $(0.0 \leqslant OUT \leqslant 1.0)$

SCALE_X 指令是将实数输入值 $VALUE(0.0 \leqslant VALUE \leqslant 1.0)$ 线性转换为参数 MIN(下限)和 MAX(上限)之间的数值,缩放的结果存储在 OUT 输出端。MIN、MAX 和 OUT 的数据类型应该相同。MIN、MAX 和 VALUE 可以是常数。输入/输出之间的线性关系式为 $OUT = VALUE \times (MAX - MIN) + MIN$。

【**例 11-1**】 在某温度控制系统中,当温度大于等于 100℃时报警指示灯亮,温度传感器为 -200～+850℃ 的铂热电阻(pt100),输出信号为 4～20 mA,请编程实现该控制。

分析：这里需要用模拟量输入模块对模拟电流信号进行 A/D 转换，将 4～20 mA 的电流信号转换为数字量 0～27 648，用 NORM_X 指令将 0～27 648 归一化为 0.0～1.0 之间的实数，然后用 SCALE_X 指令将归一化的数字转换为－200～＋850℃的温度值，用变量 MD100 来保存。程序的监控状态如图 11－8 所示，模拟量输入模块选择通道 0，通道地址为 IW96，可以看到在 MD100 中保存的值为 103℃的温度值。完整梯形图如图 11－9所示。

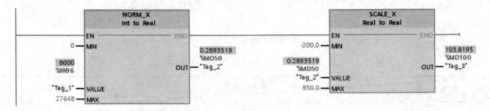

图 11－8　NORM_X 指令和 SCALE_X 指令应用

程序段1:

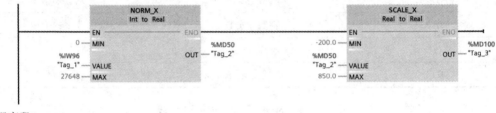

程序段2:

图 11－9　例 11－1 梯形图

11.3　项目实施

11.3.1　硬件电路设计与搭建

1. 分配 PLC I/O 点

本项目系统中 PLC 输入端的器件有启动按钮、停止按钮和液位传感器，系统的被控对象为 4 台电机：进料泵 M1 和 M2，出料泵 M3 和混料泵 M4。液位传感器可以选用投入式液位传感器，量程可以根据实际情况选择，这里选择量程为 0～100 cm，输出 4～20 mA 的电流信号。PLC 选取 CPU1214C DC/DC/RLY，并扩展一块模拟量输入模块 SM1231。为了简化 PLC 控制电路，这里未考虑系统的过载保护功能，即省去了热继电器(实际工程项目中不能少)。PLC 的 I/O 配置如表 11－4 所示。

表 11-4　PLC 的 I/O 分配表

输入/输出类别	元件名称/符号	I/O 地址
输入	启动按钮 SB0	I0.0
	停止按钮 SB1	I0.1
	液位传感器的模拟信号	IW96
输出	KM1 线圈(进料泵 M1)	Q0.0
	KM2 线圈(进料泵 M2)	Q0.1
	KM3 线圈(出料泵 M3)	Q0.2
	KM4 线圈(混料泵 M4)	Q0.3

2. 绘制硬件电路图

根据 PLC 的 I/O 分配表绘制出系统的 PLC 控制电路图如图 11-10 所示。

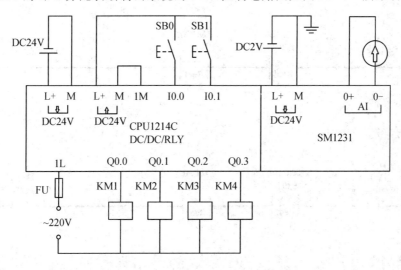

图 11-10　系统 PLC 控制电路图

3. 搭建硬件电路

根据图 11-10 所示搭建液体混合搅拌系统 PLC 控制硬件电路。

11.3.2　控制程序设计

1. 模拟量信号处理子程序(FC1)

添加新块 FC1(功能),编写模拟量信号处理子程序,在主程序中直接调用。子程序完成将液位传感器检测的模拟电流信号 4~20 mA 经 A/D 转换模块转换为数字量 0~27 648,用标准化指令(NORM_X 指令)将其归一化为 0.0~1.0 之间的实数,然后再用缩放指令(SCALE_X 指令)将归一化的数转换为 0~100 cm 的实际液位值,再用变量 MD100 来保存。梯形图如图 11-11 所示。

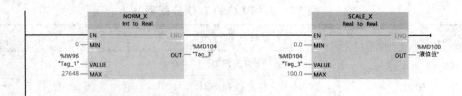

图 11 - 11   模拟量信号处理子程序

2. 液位标定子程序(FC2)

添加新块 FC2(功能),编写液位标定子程序,梯形图如图 11 - 12 所示。首先在变量表中需要定义三个标志位,即低液位 M10.0、中液位 M10.1、高液位 M10.2,数据类型为 BOOL。该子程序实现的功能是:当 0≤液位值<30 时,低液位标志位 M10.0 得电;当 30 ≤液位值<75 时,中液位标志位 M10.1 得电;当液位值≥75 时,高液位标志位 M10.2 得电。

程序段1:

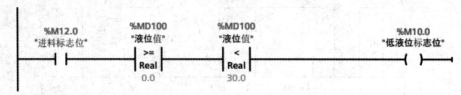

程序段2:

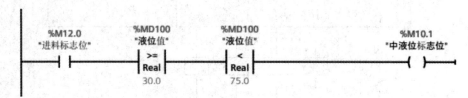

程序段3:

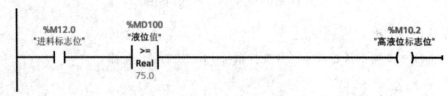

图 11 - 12   液位标定子程序

3. 主程序

根据系统的控制流程,绘制出顺序功能图如图 11 - 13 所示,M1.0 的值为 PLC 首次循环执行时为 1(FirstScan)。M11.0 为初始步,这一步的动作除了完成中间寄存器 M11.1～M11.5 的复位外,还需要置位进料标志位 M12.0。

采用"启-保-停"电路将顺序控制图转换为梯形图,如图 11 - 14 所示。在系统运行过程中按下停止按钮,系统会完成当前周期的后续动作回到初始步后停止,如程序段 1 中 M12. 1 和 M11.5 常开触点串联的支路。

　　这里在原控制要求的基础上增加了功能：当一个周期结束后，经过 5 s 延时后，系统自动进入下一个周期，如程序段 2 中所示的 M11.5 的常开触点、T1.Q 的常开触点和 M12.1 的常闭触点串联的支路。

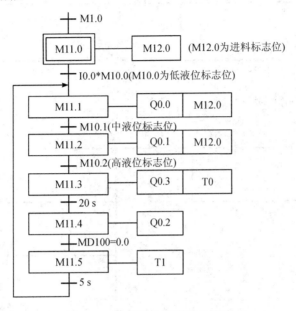

图 11 - 13　系统控制顺序功能图

程序段1：初始化

程序段2：按下启动按钮，启动进料泵M1

程序段3：启动进料泵M2

```
%M11.1        %M10.1        %M11.3                          %M11.2
"Tag_8"      "中液位标志位"   "Tag_10"                         "Tag_7"
──┤ ├──────────┤ ├──────────┤/├──────────────────────────( )──

%M11.2                                                      %Q0.1
"Tag_7"                                                   "进料泵M2"
──┤ ├──                                                     ( )──
```

程序段4：启动混料泵M4

```
%M11.2        %M10.2        %M11.4                          %M11.3
"Tag_7"      "高液位标志位"   "Tag_11"                         "Tag_10"
──┤ ├──────────┤ ├──────────┤/├──────────────────────────( )──

%M11.3                                                      %M12.0
"Tag_10"                                                  "进料标志位"
──┤ ├──                                                     (R)──

                                                           %Q0.3
                                                         "混料泵M4"
                                                           ( )──

                                                           %DB1
                                                           "T0"
                                                         ┌─────────┐
                                                         │   TON   │
                                                         │   Time  │
                                                         │         │
                                                    ─────┤IN      Q├──
                                              T#20s ─────┤PT     ET├── T#0ms
                                                         └─────────┘
```

程序段5：启动出料泵M3

```
%M11.3        "T0".Q        %M11.5                          %M11.4
"Tag_10"                    "Tag_9"                         "Tag_11"
──┤ ├──────────┤ ├──────────┤/├──────────────────────────( )──

%M11.4                                                      %Q0.2
"Tag_11"                                                  "出料泵M3"
──┤ ├──                                                     ( )──
```

程序段6：下降至零液位后再延时5 s，进入下一个周期

```
%M11.4        %MD100        %M11.1                          %M11.5
"Tag_11"      "液位值"       "Tag_8"                          "Tag_9"
──┤ ├─────────┤ == ├─────────┤/├──────────────────────────( )──
              │ Real │
              │ 0.0  │
                                                           %DB2
%M11.5                                                      "T1"
"Tag_9"                                                   ┌─────────┐
──┤ ├──                                                   │   TON   │
                                                         │   Time  │
                                                    ─────┤IN      Q├──
                                               T#5S ─────┤PT     ET├── T#0ms
                                                         └─────────┘
```

程序段7：按下停止按钮

```
%I0.1                                                      %M12.1
"停止按钮"                                                  "停止标志位"
──┤ ├──────────────────────────────────────────────────────(S)──
```

程序段8：调用模拟量处理子程序

程序段9：调用液位标定子程序FC2

图 11-14　主程序

11.3.3　系统运行与调试

1. PLC 硬件组态

1）创建新项目

打开博途平台，创建新项目，项目命名为"液体混合搅拌系统控制"，并保存项目。

2）添加 CPU 模块

在项目视图的项目树设备栏中，双击"添加新设备"，添加模块 CPU1214C DC/DC/RLY，这里需要勾选"启用系统存储器字节"，且系统存储器字节地址选择默认的 MB1。在 CPU 模块的右侧再安装一块 SM1231 AI 模块，双击该模块进行属性设置：选择"通道0"，通道地址为"IW96"，测量类型选择"电流"，电流范围选择"4～20 mA"，如图 11-15 所示。

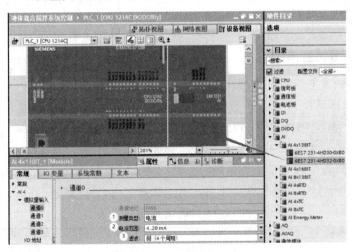

图 11-15　硬件组态和属性设置

3）下载硬件配置

在项目树中，单击"PLC_1"，然后单击鼠标右键，鼠标移至"下载到设备"命令，选择"硬件配置"。根据提示按步骤完成硬件配置下载。

2. 编辑变量表

按如图 11-16 所示编辑本项目的 PLC 变量表。

图 11 - 16　PLC 变量表

3. 录入程序

在项目视图左侧的项目树中，展开"PLC_1"→"程序块"，双击"添加新块"，如图 11 - 6 所示，新建功能 FC1 和 FC2，然后在功能 FC1 和 FC2 的程序编辑器窗口中录入图 11 - 11 所示的模拟量信号处理程序和图 11 - 12 所示的液位比较处理程序；双击 Main【OB1】，打开主程序块 OB1，在打开的程序编辑器窗口中录入图 11 - 14 所示的主程序。

4. 编译与下载

程序录入完毕后进行编译，这里需要对功能 FC1、FC2 和主程序 OB1 块中的程序分别进行编译，编译通过后方可下载程序。

5. 运行监视

单击程序编辑器中工具栏的"启用/禁用监视"图标按钮，进入程序运行监视状态。

6. 系统调试及结果记录

按下面步骤依次完成系统调试，并将调试过程记录在表 11 - 5 中。

1) 完整周期运行调试

当混料罐中液位小于容积的 30% 时，按下启动按钮 SB0，进料泵 M1 启动运行；当液位传感器检测液位达到容积的 30% 时，进料泵 M1 停止，进料泵 M2 启动运行，液位继续上升；当液位达到容积的 75% 时，进料泵 M2 停止，同时混料泵 M4 开始运行，持续 20 s 后，出料泵 M3 开始运行，液位开始下降；当液体排空后，M3 停止。

表 11 - 5　调试结果记录表

步骤	操　作	进料泵 M1 (KM1 得电 /失电)	进料泵 M2 (KM2 得电 /失电)	出料泵 M3 (KM3 得电 /失电)	混料泵 M4 (KM4 得电 /失电)
1	液位小于容积的 30%， 按下启动按钮 SB0				
2	液位达到容积的 30%				
3	液位达到容积的 75%				
4	定时 20 s 到				

2) 停止按钮调试

当系统正常运行在如图 11-13 所示中 M11.1~11.5 的任何步时按下停止按钮 SB1，观察系统是否会完成当前周期的运行后停留在 M11.0 步，并且在下一时刻按下启动按钮 SB0 时，系统是否会重新运行。

11.3.4　考核评价

内容	评分点	配分	评分标准	自评	互评	师评
系统硬件电路设计 15 分	元器件的选型	5	元器件选型合理；能很好地掌握元器件型号的含义；遵循电气设计安全原则			
	电气原理图的绘制	10	电路设计规范，符合实际工程设计要求；电路整体美观，图形符号规范、正确，错 1 处扣 1 分			
硬件电路搭建 25 分	布线工艺	5	能按控制要求合理走线，且能考虑最优的接线方案，节约使用耗材。符合要求得 5 分。否则酌情扣分			
	接线头工艺	15	连接的所有导线，必须压接接线头，不符合要求扣 1 分/处；同一接线端子超过两个线头、露铜超 2 mm，扣 1 分/处；符合要求得 10 分			
	整体美观	5	根据工艺连线的整体美观度酌情给分，所有接线工整美观得 5 分			
系统功能调试 40 分	系统完整周期正常运行调试	20	按下启动按钮 SB0，根据液位传感器检测到的液位值各电动机依次按 M1→M2→M4→M3 顺序得电运行，且每个时刻只有一台电动机运行			
	系统运行过程中按下停止按钮的调试	20	当系统正常运行在如图 11-13 所示中 M11.1~11.5 的任何步时按下停止按钮 SB1，系统应该完成当前周期的运行后停留在 M11.0 步，并且在下一时刻按下启动按钮 SB0 时，系统可以重新按步运行			
职业素养与安全意识 20 分	工具摆放	5	保持工位整洁，工具和器件摆放符合规范，工具摆放杂乱，影响操作，酌情扣分			
	团队意识	5	团队分工合理，有分工有合作			
	操作规范	10	操作符合规范，未损坏工具和器件，若因操作不当，造成器件损坏，该项不得分			
	创新加分	5				
得　分						

项目 12　自动装箱系统控制

知识目标

(1) 了解 S7-1200 PLC 以太网通信的基本概念;

(2) 掌握 S7 连接的创建方法;

(3) 掌握 PUT/GET 指令及其应用。

技能目标

(1) 学会两台 S7-1200 PLC 之间 S7 通信的网络组态、编程与调试;

(2) 能完成自动装箱控制系统的硬件接线和软硬件调试。

12.1　项目描述

　　自动装箱控制系统如图 12-1 所示,该系统由两台 S7-1200 PLC 实现控制,其中 PLC_1 作为客户机用作现场控制器,传感器 SQ1 检测信号检测空箱是否到位,SQ2 检测信号统计产品数量,控制传送带 A 和传送带 B 的启停;PLC_2 作为服务器安装在控制室,连接系统启动按钮 SB0、停止按钮 SB1 和箱满指示灯 L0。本系统具体控制要求:按下启动按钮 SB0,传送带 A 先启动运行,将空箱前移至指定位置,SQ1 发出信号,使传送带 A 停止运行,此时传送带 B 启动运行,将货物按件送入箱子内,当 SQ2 检测到产品数量达到 12 件时,则传送带 B 停止运行,箱满指示灯 L0 点亮,延时 3 s 后箱满指示灯 L0 熄灭,同时启动传送带 A 运行,将装满货物的箱子运走以及传送下一个空箱到位。上述过程不断自动循环。如果在系统运行过程中按下停止按钮 SB1,则传送带 A 和传送带 B 都停止运行。

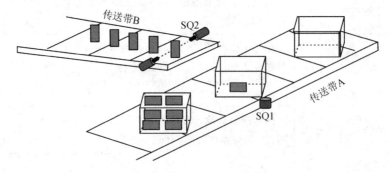

图 12-1　自动装箱系统示意图

12.2　知 识 链 接

12.2.1　S7-1200 PLC 以太网通信的基本概念

S7-1200 PLC 本体上集成了一个 PROFINET 端口，此端口支持以太网和基于 TCP/IP 的通信标准。使用该通信口可以实现 S7-1200 PLC 与设备、HMI(人机界面)和其他 S7 系列 PLC 之间的通信。该以太网通信接口同时支持 10/100MB/s 的 RJ45 接口和电缆交叉自适应接口。

S7-1200 PLC 的 CPU 支持的通信协议有 TCP 协议、ISO-on-TCP(RFC1006)协议和 S7 通信协议。硬件版本 V4.1 及以上的 S7-1200 PLC 的 PROFINET 通信接口最大的连接资源如图 12-2 所示，这些连接数是固定不变的，不能自定义。

连接资源				
		站资源		模块资源
		预留	动态 !	PLC_1 [CPU 1214C DC/DC/Rly
最大资源数:		62	6	68
	最大	已组态	已组态	已组态
PG通信:	4	-	-	-
HMI通信:	12	0	0	0
S7通信:	8	0	0	0
开放式用户...	8	0	0	0
Web通信:	30	-	-	0
其它通信:	-			0
使用的总资...		0	0	0
可用资源:		62	6	68

图 12-2　S7-1200 PLC 的连接资源

S7-1200 PLC 的 PROFINET 通信接口有如下两种网络连接方法：

(1) 直接连接。当一个 S7-1200 PLC 与一个编程设备，或一个 HMI，或另一个 PLC 通信时，即只有两个设备进行通信时，可以用以太网线直接连接。

(2) 网络连接。当有 3 个或 3 个以上设备需要进行通信时，则需要用以太网交换机来实现通信。

12.2.2　S7 通信

1. S7 协议

S7-1200 的 PROFINET 通信口可以做 S7 通信的服务器端或客户端(CPU V2.0 及以上版本)。S7 通信协议是西门子公司产品的专用保密协议，不与第三方产品通信。在工程实践中，西门子 PLC 之间的非实时通信常采用 S7 协议通信。S7-1200 仅支持 S7 单边通信，且仅需在客户端单边组态连接和编程，而服务器端只需要准备好通信的数据即可。S7-1200 通常使用 PUT/GET 指令来实现远程 CPU 的数据写入和读取。由于客户端可以读、写服务器的存储区，因此单边通信实际上可以实现双向传输数据。

2. PUT/GET 指令

1) PUT 指令

使用 PUT 指令可以将数据写入一个远程 CPU，PUT 指令启动以太网端口上的通信操作,将数据写入远程设备。PUT 指令可向远程设备写入最多 212 个字节的数据,其参数功能如表 12-1 所示。

表 12-1   PUT 指令的参数表

梯形图符号	输入/输出端	说　　明
	EN	使能
	REQ	通过上升沿启动读写操作
	ID	S7 连接的 ID
%DB1 "PUT_DB" PUT Remote - Variant	ADDR_1	指向伙伴 CPU 中存储待读取或待发送数据的存储区
EN ENO false REQ DONE 16#0 ID ERROR `<???>` ADDR_1 STATUS `<???>` SD_1	SD_1	指向本地 CPU 中存储待发送数据的存储区
	DONE	DONE＝0:任务未启动,或仍在运行;DONE＝1:已成功完成任务
	ERROR	ERROR＝0:无错误;ERROR＝1:出现错误
	STATUS	特定的错误信息

2) GET 指令

GET 指令启动以太网端口上的通信操作,从远程设备上获取数据。GET 指令可从远程设备上读取最多 222 个字节的数据,其指令的参数功能如表 12-2 所示。

表 12-2   GET 指令的参数表

梯形图符号	输入/输出端	说　　明
	EN	使能
	REQ	通过上升沿启动读写操作
	ID	S7 连接的 ID
%DB2 "GET_DB" GET Remote - Variant	ADDR_1	指向伙伴 CPU 中存储待读取或待发送数据的存储区
EN ENO false REQ NDR false 16#0 ID ERROR false `<???>` ADDR_1 STATUS 16#0 `<???>` RD_1	RD_1	指向本地 CPU 中存储待读取数据的存储区
	NDR	NDR＝0:任务未启动,或仍在运行;NDR＝1:已完成任务
	ERROR	ERROR＝0:无错误;ERROR＝1:出现错误
	STATUS	特定的错误信息

【例 12-1】 用两台 S7-1200 PLC 实现 S7 通信:两台 PLC 均选用 CPU1214,分别为 PLC_1 和 PLC_2,要求实现如下控制:

（1）用连接在 PLC_1 的 I0.0 上的按钮 SB1 控制接在 PLC_2 的 Q0.0 上的指示灯 L2，即按住按钮，灯亮，松开按钮，灯灭。

（2）用连接在 PLC_2 的 I0.1 上的按钮 SB2 控制接在 PLC_1 的 Q0.1 上的指示灯 L1，即按住按钮，灯亮，松开按钮，灯灭。

分析：首先建立 PLC_1 与 PLC_2 之间的通信，然后用通信指令完成两个 PLC 之间的数据传输，具体实现过程如下。

第 1 步　PLC 硬件组态。

（1）创建新项目。

打开博途平台，创建新项目，项目命名为"1200_1200 的 S7 通信"，并保存项目。

（2）添加 CPU 模块。

在项目视图中的项目树设备栏中，双击"添加新设备"，分别添加 PLC_1（客户机）和 PLC_2（服务器）。添加模块均为 CPU1214C DC/DC/RLY。激活两个 CPU 的时钟存储器，采用默认地址 MB0，如图 12-3 所示。

图 12-3　设置时钟存储器

（3）设置 IP 地址。

打开 PLC1 的属性窗口，选择"常规"→"PROFINET 接口"→"以太网地址"→"在项目中设置 IP 地址"单选钮，在"IP 地址"编辑框中输入"192.168.0.1"，如图 12-4 所示。用同样的方法将 PLC_2 的以太网地址设置为 192.168.0.2，即将两台 PLC 的 IP 地址设置在一

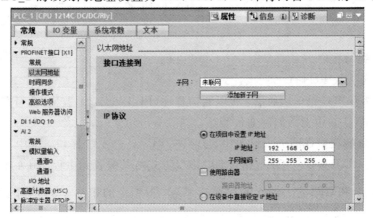

图 12-4　设置 IP 地址

个网段。注意：电脑的 IP 地址也要设置在同一个网段。

第 2 步　创建 S7 连接。

(1) 更改连接机制。

选中"属性"→"常规"→"防护与安全"→"连接机制"，如图 12-5 所示。勾选"允许来自远程对象的 PUT/GET 通信访问"，服务器和客户端都需要设置。

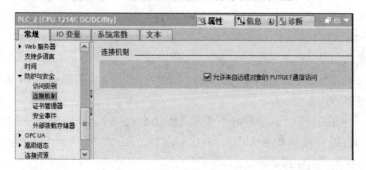

图 12-5　"连接机制"属性设置

(2) 在项目树中选择"设备与网络"选项，打开网络视图，单击工作区左上角的"连接"下拉按钮，在下拉菜单中选择"S7 连接"，将鼠标光标放置在 PLC_1 的以太网接口处，按住鼠标左键不放，拖动鼠标至 PLC_2 的以太网接口处，松开鼠标，便完成了两个 PLC 之间的 S7 连接，如图 12-6 所示。在右侧的连接窗口可以查看连接情况，双击左上角窗口中的"S7 连接"连接线任意处(图中④处)，在弹出的窗口中可以修改本地 ID。

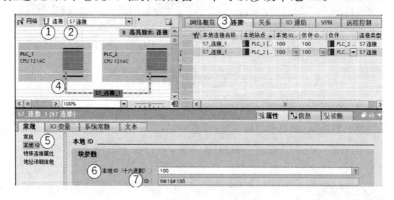

图 12-6　创建 S7 连接

第 3 步　编写程序。

(1) 调用函数块 PUT/GET。

由于 S7-1200 PLC 是单边通信，所以通信程序(PUT/GET 函数块)编写在客户端 PLC_1 中，服务器端 PLC_2 中无须编写通信程序。

在博途平台的项目视图的项目树中，打开"PLC_1"的主程序块，选中"指令"→"S7 通信"，即可找到 PUT 指令和 GET 指令，以拖曳方式将其放置到主程序块的相应位置。用鼠标单击 PUT 指令和 GET 指令右上角的图标　　，对指令的相关参数进行配置，在图 12-7 所示中选择"伙伴"为 PLC_2。按照图 12-8 所示进行 PUT 指令的块参数设置，其中写入区域和发送区域的参数最好设置一致，这样在编程时更方便；同样按照图 12-9 所示进行

GET 指令块参数的配置。也可以选择在 PUT/GET 指令的各引脚上直接输入相关参数。

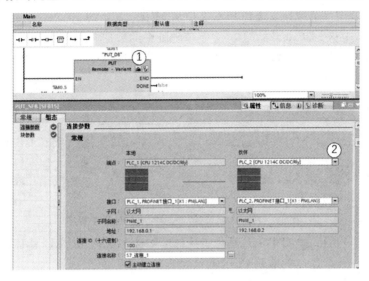

图 12 - 7　配置连接参数

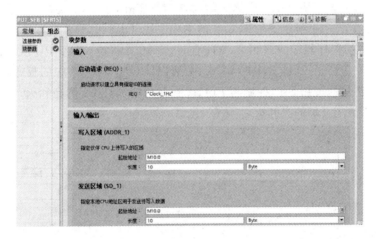

图 12 - 8　配置 PUT 块参数

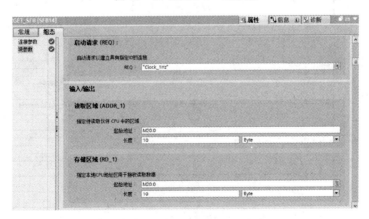

图 12 - 9　配置 GET 块参数

　　客户端(PLC_1)的通信梯形图程序如图 12-10 所示。PUT 指令实现将 PLC_1 中从 M10.0 开始的 10 个字节数据发送到 PLC_2 中从 M10.0 开始的 10 个字节地址中；GET 指令读取远程 PLC_2 中从 M20.0 开始的 10 个字节地址中的数据并保存到 PLC_1 中从 M20.0 开始的 10 个字节地址中。PUT 指令和 GET 指令的 ID 号都是一样的，都为 W#16#100。

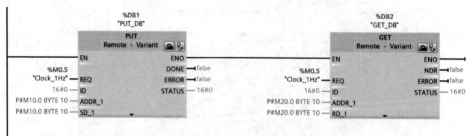

图 12-10　客户端(PLC_1)的通信梯形图程序

　　【注意】　程序块中的 ADDR 总是代表伙伴的被读写数据区；RD 总是代表本地用于输入已读数据区；SD 总是代表本地 CPU 上包含要发送数据的区。

　　(2) 编写控制程序。

　　在 PLC_1 的主程序块(OB1)中除了编写通信程序外，还需要增加实现控制的程序段 2 和程序段 3，如图 12-11 所示。在 PLC_2 的主程序块(OB1)中需要编写如图 12-12 所示程序。图 12-11 中的程序段 2 实现当 I0.0 闭合时，M10.0 得电，由于 PUT 指令将 PLC_1 中的 M10.0 的值发送给了 PLC_2 中的 M10.0，所以结合图 12-12 中的程序段 1，便实现了利用与 PLC_1 连接的按钮 SB1 控制与 PLC_2 连接的指示灯 L2 的亮和灭；同样地，也便实现了 SB2 控制指示灯 L1 的亮和灭。

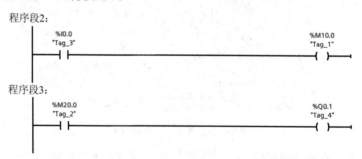

图 12-11　PLC_1 的梯形图程序

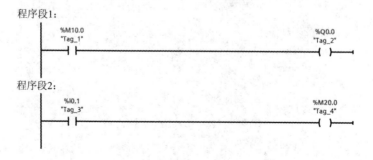

图 12-12　PLC_2 的梯形图程序

12.3　项 目 实 施

12.3.1　硬件电路设计与搭建

1. 分配 PLC I/O 点

本项目采用的两台 S7-1200 PLC 均选用 CPU1214 DC/DC/RLY，根据项目控制要求，PLC_1 用作现场控制器接收传感器 SQ1 检测信号检测空箱是否到位，接收 SQ2 检测信号统计产品数，控制传送带 A 和传送带 B。PLC_2 作为服务器，连接系统启动按钮 SB0 和停止按钮 SB1。两台 PLC 的 I/O 配置如表 12-3 所示。

表 12-3　PLC 的 I/O 分配表

PLC	输入/输出类别	元件名称/符号	I/O 地址
PLC_1	输入	传感器 SQ1	I0.0
		传感器 SQ2	I0.1
	输出	传送带 A(KM1 线圈)	Q0.0
		传送带 B(KM2 线圈)	Q0.1
PLC_2	输入	启动按钮 SB0	I0.0
		停止按钮 SB1	I0.1
	输出	箱满指示灯 L0	Q0.0

2. 绘制硬件电路图

绘制系统的 PLC 控制电路图如图 12-13 和图 12-14 所示。

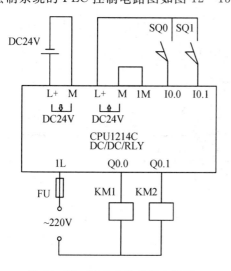

图 12-13　PLC_1 的控制电路图

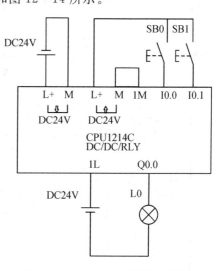

图 12-14　PLC_2 的控制电路图

3. 搭建硬件电路

根据图 12-13 和图 12-14 所示搭建控制系统的硬件电路。同时通过交换机用以太网线将 PLC_1、PLC_2 和电脑连接起来。

12.3.2　控制程序设计

1. PLC_1 程序设计

PLC_1 要完成接收 PLC_2 发送来的系统启动标志位信号 M20.0 去控制传送带 A 的运行;用传感器 SQ1 信号去启动传送带 B 的运行和停止传送带 A;用 SQ2 检测信号统计产品数量去控制传送带 B 停止;接收 PLC_1 发送来的系统停止标志位信号 M20.1 去停止系统运行。梯形图如图 12-15 所示。

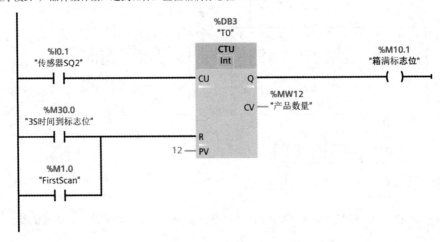

程序段4：箱满停止传送带B，并计时3 s

程序段5：按下停止按钮，系统停止运行

图 12 - 15　PLC_1 主程序梯形图

2. PLC_2 程序设计

PLC_2 要完成与 PLC_1 的通信，将系统的启动和停止信号发送到 PLC_1 的 M20.0 和 M20.1。PLC_2 接收来自 PLC_1 的箱满标志位信号 M10.0，去控制箱满指示灯的亮灭。梯形图如图 12 - 16 所示。

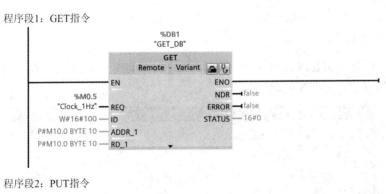

程序段1：GET指令

程序段2：PUT指令

程序段3：按下启动按钮，启动传送带A

```
  %I0.0                                                          %M20.0
"启动按钮SB0"                                                    "Tag_2"
───┤ ├──────────────────────────────────────────────────────────( )───
```

程序段4：箱满指示灯点亮

```
  %M10.1                                                         %Q0.0
"箱满标志位"                                                 "箱满指示灯L0"
───┤ ├──────────────────────────────────────────────────────────( )───
```

程序段5：按下停止按钮，系统停止运行

```
  %I0.1                                                          %M20.1
"停止按钮SB1"                                               "系统停止标志位"
───┤ ├──────────────────────────────────────────────────────────( )───
```

图 12 - 16　PLC_2 主程序梯形图

12.3.3　系统运行与调试

1. PLC 硬件组态

打开博途平台，创建新项目，项目命名为"自动装箱系统控制"，并保存项目。

本项目采用两台 S7-1200 PLC 进行 S7 通信。PLC 硬件组态的具体操作步骤可以参考例 12 - 1 中的第 1 步，然后根据第 2 步创建 S7 连接。

2. 编辑变量表

根据控制系统控制要求及输入/输出地址的分配编辑变量，PLC_1 和 PLC_2 的变量定义如图 12 - 17 和图 12 - 18 所示。

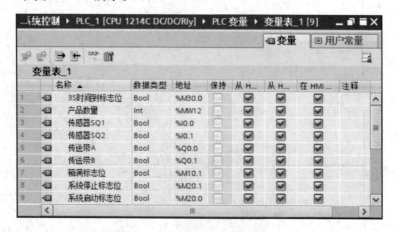

图 12 - 17　PLC_1 变量的定义

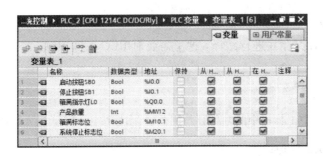

图 12 - 18　PLC_2 变量的定义

3．录入程序

在项目视图左侧的项目树中，展开"PLC_1"→"程序块"，双击 Main【OB1】，打开主程序块 OB1。在打开的程序编辑器窗口中录入图 12 - 15 所示的梯形图；在 PLC_2 的主程序块 OB1 中录入图 12 - 16 所示的梯形图。GET 指令和 PUT 指令块参数按照图 12 - 19 和图 12 - 20 所示进行编辑。

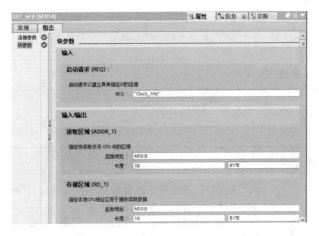

图 12 - 19　GET 指令块参数的配置

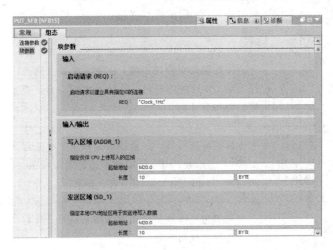

图 12 - 20　PUT 指令块参数的配置

4. 编译与下载

程序录入完毕后保存并进行编译,这里需要对 PLC_1 和 PLC_2 主程序块 OB1 中的程序分别进行编译。

5. 运行监视

单击程序编辑器中工具栏中的"启用/禁用监视"图标按钮 ![图标] ,进入程序运行监视状态。

6. 系统调试及结果记录

按表中步骤依次完成系统调试,并将调试过程记录在表 12 - 4 中。

表 12 - 4　调试结果记录表

步骤	操　作	传送带 A (得电/失电)	传送带 B (得电/失电)	箱满指示灯 L0 (亮/灭)
1	按下启动按钮 SB0			
2	空箱到位			
3	箱满			
4	按下停止按钮 SB1			

12.3.4　考核评价

内容	评分点	配分	评 分 标 准	自评	互评	师评
系统硬件 电路设计 15 分	元器件的 选型	5	元器件选型合理;能很好地掌握元器件型号的含义;遵循电气设计安全原则			
	电气原理 图的绘制	10	电路设计规范,符合实际工程设计要求;电路整体美观,图形符号规范、正确,错 1 处扣 1 分			
硬件电路 搭建 25 分	布线工艺	5	能按控制要求合理走线,且能考虑最优的接线方案,节约使用耗材。符合要求得 5 分。否则酌情扣分			
	接线头工艺	15	连接的所有导线,必须压接接线头,不符合要求扣 1 分/处;同一接线端子超过两个线头、露铜超 2 mm,扣 1 分/处;符合要求得 10 分			
	整体美观	5	根据工艺连线的整体美观度酌情给分,所有接线工整美观得 5 分			

续表

内容	评分点	配分	评 分 标 准	自评	互评	师评
系统功能调试 40 分	硬件组态	5	硬件组态正确，成功创建了 S7 通信			
	传送带 A 的控制	5	按下启动按钮 SB0，传送带 A 启动运行			
	空箱到位检测	10	空箱到位，传送带 B 启动运行，传送带 A 停止			
	产品装箱控制	10	箱满后箱满指示灯 L0 点亮，传送带 B 停止，得 5 分；延时 3 s 后传送带 A 启动，此时箱满指示灯 L0 熄灭，开始下一个周期，得 5 分			
	系统停止控制	5	按下停止按钮，系统运行停止			
职业素养与安全意识 20 分	工具摆放	5	保持工位整洁，工具和器件摆放符合规范，工具摆放杂乱，影响操作，酌情扣分			
	团队意识	5	团队分工合理，有分工有合作			
	操作规范	10	操作符合规范，未损坏工具和器件，若因操作不当，造成器件损坏，该项不得分			
	创新加分	5				
得　分						

参 考 文 献

[1]　廖常初. S7-1200 PLC 编程及应用[M]. 2 版. 北京：机械工业出版社，2020.

[2]　芮庆忠，黄诚. 西门子 S7-1200 PLC 编程及应用[M]. 北京：电子工业出版社，2020.

[3]　梁亚峰，刘培勇. 电气控制与 PLC 应用技术(S7-1200)[M]. 2 版. 北京：机械工业出版社，2021.

[4]　丁金林，王峰. PLC 应用技术项目教程：西门子 S7-200Smart[M]. 2 版. 北京：机械工业出版社，2021.

[5]　侍寿永. 西门子 S7-1200 PLC 编程及应用教程[M]. 2 版. 北京：机械工业出版社，2021.

[6]　SIEMENS. SIMATIC S7-1200 可编程控制器系统手册[Z]，2016.